Jan Brückner

# AC-Elektrolumineszenz und optische Verstärkung in organischen Dünnschicht-Bauelementen

# AC-Elektrolumineszenz und optische Verstärkung in organischen Dünnschicht-Bauelementen

von
Jan Brückner

Dissertation, Karlsruher Institut für Technologie
Fakultät für Elektrotechnik und Informationstechnik, 2010

**Impressum**

Karlsruher Institut für Technologie (KIT)
KIT Scientific Publishing
Straße am Forum 2
D-76131 Karlsruhe
www.ksp.kit.edu

KIT – Universität des Landes Baden-Württemberg und nationales
Forschungszentrum in der Helmholtz-Gemeinschaft

KIT Scientific Publishing 2011
Print on Demand

ISBN 978-3-86644-675-5

# AC-Elektrolumineszenz und optische Verstärkung in organischen Dünnschicht-Bauelementen

Zur Erlangung des akademischen Grades eines

DOKTOR-INGENIEURS

an der Fakultät für
Elektrotechnik und Informationstechnik
des Karlsruher Instituts für Technologie (KIT)
genehmigte

DISSERTATION

von
Dipl.-Phys. Jan Brückner
geb. in Heidelberg

Tag der mündlichen Prüfung: 16. Dezember 2010
Hauptreferent:  Prof. Dr. rer. nat. Uli Lemmer
Korreferent:  Prof. Dr. rer. nat. Heinz Kalt

# Inhaltsverzeichnis

# 1 Einleitung

Seit 1987 zum ersten Mal eine organische Leuchtdiode vorgestellt wurde [1], gibt es eine ständige Weiterentwicklung dieser Bauteile. Ihre Effizienz und ihre lichttechnischen Eigenschaften werden kontinuierlich verbessert. Neben der hohen Lichtausbeute haben diese Lichtquellen den Vorteil, dass sie großflächig auch auf flexiblen Substraten hergestellt werden können. Sie eignen sich außer für die Raumbeleuchtung besonders für die Anwendung in selbstleuchtenden Displays. Durch die Verwendung komplexer Heterostrukturen gelingt inzwischen die Herstellung hocheffizienter Lichtquellen mit sehr guter Farbwiedergabe [2].

Optisch angeregte Lasertätigkeit an Polymer-Dünnschichtstrukturen wurde 1996 publiziert [3, 4], an der Möglichkeit einer elektrischen Anregung wird seither mit Nachdruck geforscht. Sie scheitert bis heute an Verlustprozessen, die im Wesentlichen zurückgehen auf die schlechte Leitfähigkeit der organischen Halbleiter verbunden mit der nötigen sehr hohen Stromdichte, die auf mehrere $kA/cm^2$ geschätzt wird [5].

Wenn die elektrische Leistung über leitende Elektroden zugeführt wird, müssen diese wegen ihrer absorbierenden Eigenschaft hinreichend weit von der aktiven Zone entfernt sein, daraus ergibt sich die Notwendigkeit des Transports hoher Ladungsträgerdichten über relativ große Strecken. Die hohe Ladungsträgerdichte ist eine Folge der niedrigen Mobilitäten und der hohen Stromdichte. Sie trägt durch Wechselwirkungen mit Photonen wesentlich zu den erwähnten Verlusten bei.

Organische Halbleiter werden nach ihrer chemischen Struktur und ihrem Molekulargewicht in zwei Klassen eingeteilt. Ein wichtiger Unterschied liegt im Herstellungsverfahren von Dünnschicht-Bauelementen: Kleine Moleküle erfordern einen Aufdampfprozess, Polymere bieten durch die Möglichkeit ihrer Verarbeitung als flüssige Lösung Vorteile gegenüber den inzwischen kommerziell sehr bedeutsamen kleinen Molekülen, da mit der Drucktechnik ein kostengünstiges und vielseitiges Herstellungsverfahren für optoelektronische Bauelemente prinzipiell zu Verfügung steht, wobei allerdings bis zur Marktreife noch einige Probleme zu lösen sind.

Die Erzeugung von Ladungsträgerpaaren innerhalb einer Heterostruktur aus organischen Halbleitern der Materialklasse kleine Moleküle ist eine etablierte Technik, die eine erhebliche Effizienzsteigerung von organischen Leuchtdioden mit mehreren Emittern erlaubt [6]. Mittlerweile können aus konjugierten Polymeren Heterostrukturen unabhängig von deren Lösungsverhalten hergestellt werden [7], woraus sich vielfältige Anwendungsmöglichkeiten der feldinduzierten Ladungsträgergeneration auch bei dieser Klasse der organischen Halbleiter ergeben.

Die vorliegende Arbeit beschäftigt sich mit polymerbasierten, kapazitiv angeregten

Elektrolumineszenz-Bauelementen, die auf der feldinduzierten Ladungsträgergeneration beruhen. Dieses Konzept bildet möglicherweise die Grundlage für eine Laserstruktur, bei der der Einfluss wesentlicher Verlustprozesse vermindert ist. Darüber hinaus werden weitere Anwendungen vorgestellt, diskutiert und demonstriert. Mit Hilfe von zeitaufgelöster optischer Spektroskopie an geeigneten Modellstrukturen werden die bei der Ladungsträgergeneration ablaufenden Vorgänge erkundet. Ein eigens aufgebauter Messplatz zur Bestimmung optischer Verstärkung bzw. Dämpfung in Dünnschicht-Strukturen erlaubt die Untersuchung des Einflusses der Ladungsträgergenerationsschicht auf diese Eigenschaften. Da die Generationsschicht Streuung verursacht, ist die optische Charakterisierung der Filmwellenleiter im Hinblick sowohl auf Leuchtdioden als auch auf Laser von Bedeutung.

## Gliederung der Arbeit

Zunächst werden in Kapitel 2 die wichtigsten Grundlagen zusammengetragen. Diskutiert werden auch die Probleme bei der elektrischen Anregung, die bis heute die Verwirklichung einer organischen Laserdiode unmöglich machen. Auch die feldinduzierte Ladungsträgergeneration und das darauf beruhende Konzept der kapazitiven Anregung wird im Grundlagenteil behandelt. Die Vorstellung der verwendeten organischen Halbleiter erfolgt in Kapitel 3. Daran schließt sich die Beschreibung der Herstellungstechniken, der Probenpräparation und Kontaktierung in Kapitel 4 an. Dort werden auch die Experimente der zeitaufgelösten Photo- und Elektrolumineszenzspektroskopie erklärt.

Kapitel 5 ist der Untersuchung planarer Wellenleiterstrukturen gewidmet. Zunächst wird der Messplatz zur Bestimmung optischer Verstärkung und Dämpfung nach der Strichlängenmethode vorgestellt und die Voraussetzungen für aussagefähige Ergebnisse diskutiert. Beispielmessungen dienen der Verifikation der Gültigkeitsbedingungen. Mit Hilfe dieses Messplatzes wird die optische Verstärkung einer organischen Halbleiterschicht charakterisiert, die herstellungsbedingt Streuzentren enthält.

Die Experimente mit kapazitiv angeregten Bauelementen werden in Kapitel 6 beschrieben, das zunächst die Vorteile dieses Konzepts im Hinblick auf die elektrische Anregung eines organischen Lasers aufzeigt.

Dem schließt sich die Untersuchung einer Modellstruktur an (Einfachschichtemitter genannt). Mit Hilfe von Simulationswerkzeugen kann aus den experimentellen Daten auf die Dynamik der generierten Ladungsträger geschlossen werden. Mit Hilfe weiterer Experimente mit verändertem Anregungssignal und verschiedenen Materialien werden die aufgestellten Hypothesen überprüft.

Der Abschnitt 6.3 enthält die Ergebnisse der an den kapazitiv angeregten Bauelementen durchgeführten Experimente. Zunächst werden die wichtigen Wellenleitereigenschaften mit Hilfe der Strichlängenmethode charakterisiert. Danach wird die zeitabhängige Elektrolumineszenz dieser Bauteile im Hinblick auf die entsprechenden Resultate der Modellstruktur diskutiert. Es ergibt sich die vielversprechende Möglichkeit der Realisierung einer nanopartikelfreien kapazitiv angeregten Leuchtdiode. Das im Folgenden besprochene transparente Bauteil zeigt die Relevanz des Konzepts auf. Die Beschreibung weiterer Anwendungsmöglichkeiten und Ansatzpunkte für Forschung schließt das Kapitel ab.

# 2 Grundlagen

## 2.1 Organische Halbleiter

### 2.1.1 Leitfähige Kohlenwasserstoffe

Organische Halbleiter basieren auf ungesättigten Kohlenwasserstoffen, die Doppel-
bzw. Dreifachbindungen enthalten. Die chemischen Strukturen der in der vorliegenden Arbeit verwendeten Substanzen zeichnen sich durch ihre aufeinander folgenden
Einfach- und Doppelbindungen aus, daher werden diese beiden Typen der kovalenten
Bindung in diesem Abschnitt diskutiert.

Die Elektronenkonfiguration von atomarem Kohlenstoff ist $1s^2\,2s^2\,2p^2$, es sind also
zwei der drei 2p-Orbitale einfach besetzt. Bei dem Beispielmolekül Ethan (Abbildung 2.1 links) kommen ausschließlich Einfachbindungen vor, die $\sigma$-Molekülorbitale
kommen durch Überlagerung der 1s-Atomorbitale des Wasserstoffs und den vier $sp^3$-
Hybridorbitalen des Kohlenstoffs zu Stande. Auch zwischen den beiden Kohlenstoff-
atomen besteht eine $\sigma$-Bindung.

Bei dem Ethen-Molekül (Abbildung 2.1 rechts) sind nur zwei der drei 2p-Orbitale
hybridisiert; die resultierenden drei $sp^2$-Hybridorbitale sind wieder für die Bindung
zu Wasserstoff verantwortlich und sind außerdem Teil der Doppelbindung. Die daraus
entstehenden drei $\sigma$-Molekülorbitale bilden das die Geometrie bestimmende Grund-
gerüst des Moleküls. Der zweite Teil der C-C-Doppelbindung erklärt sich durch ein
bindendes $\pi$-Molekülorbital, entstanden wiederum aus der Kopplung der an jedem
der Kohlenstoffatome verbleibenden $2p_z$-Orbitale. Die Aufenthaltswahrscheinlichkeit
der $\sigma$-Molekülorbitale ist rotationssymmetrisch bezüglich der Verbindungsachse verteilt. Dagegen ist die Symmetrieachse der räumlich keulenförmigen p-Orbitale senkrecht zur Molekülebene orientiert, die räumliche Ladungsverteilung des resultierenden $\pi$-Molekülorbitals kann näherungsweise durch deren Linearkombination berechnet werden. Sie ist in jedem Fall spiegelsymmetrisch bezüglich der Molekülebene des

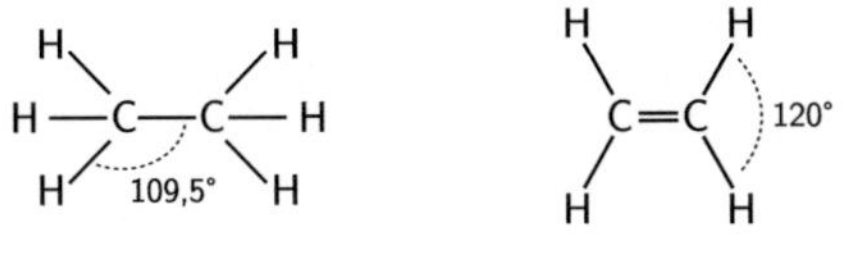

Abbildung 2.1: Links: Strukturformel Ethan. Rechts: Strukturformel Ethen.

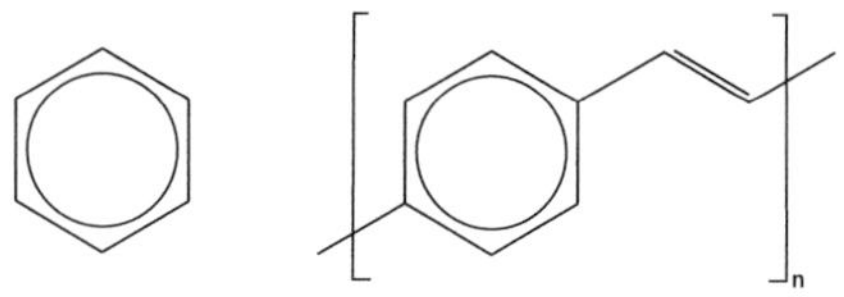

Abbildung 2.2:
Links: Strukturformel Benzol. Rechts: Strukturformel Poly(p-Phenylen-Vinylen)

(planaren) Ethens. Enthalten komplexere Kohlenwasserstoffe mehrere Doppelbindungen, können die verschiedenen $\pi$-Wellenfunktionen räumlich überlappen. In der Folge befinden sich die Maxima der Aufenthaltswahrscheinlichkeiten nicht mehr wie bei Ethen zwischen zwei bestimmten Atomen, vielmehr ist sie homogen über einen weiten Bereich verteilt. Da man die Bindungselektronen dann nicht mehr bestimmten Atompaaren zuordnen kann, spricht man von einer delokalisierten $\pi$-Bindung. Ein bekanntes Beispiel ist Benzol (Abbildung 2.2 links), die homogene Ladungsverteilung wird in der Strukturformel durch den Ring symbolisiert. Die delokalisierte Verteilung der Aufenthaltswahrscheinlichkeit von $\pi$-Elektronen bildet die Grundlage für Leitfähigkeit in ungesättigten Kohlenwasserstoffen.

## 2.1.2 Konjugierte Polymere

Makroskopischer Elektronentransport ist bei Benzol wegen seiner Ringstruktur nicht möglich, dazu bedarf es einer Erweiterung des Moleküls. Dazu ist es nützlich, das Ringmolekül im Hinblick auf die Oktett-Regel zu betrachten, man kann sich dann vorstellen, die sechs Kohlenstoffatome seien abwechselnd durch Einfach- und Doppelbindungen verbunden. Dieses Prinzip liegt auch dem leitfähigen Polymer Poly(p-Phenylen-Vinylen) (PPV) zu Grunde, bei dem die Phenylgruppen (Benzolrest-Gruppen) über Vinylgruppen (Ethenyl[1]) so zu einer Kette verbunden sind, dass sich auch hier immer Einfach- und Doppelbindung abwechseln (Strukturformel s. Abbildung 2.2 rechts). Solche Bindungen werden als konjugierte Doppelbindungen bezeichnet, Doppel- und Einfachbindung sind wegen der räumlichen Delokalisation nicht zu unterscheiden. Die Ladungsdichte der $\pi$-Elektronen ist daher idealerweise entlang der gesamten Molekülkette verteilt, diese kann aus mehreren 10000 bis zu einigen 100000 Einheiten bestehen. In der Realität sind Polymerketten nicht linear ausgerichtet, sondern ordnen sich je nach Umgebung mehr oder weniger geknickt und gewunden an. Dadurch wird die Kohärenz der elektronischen Wellenfunktion gestört und damit die Delokalisierung. Die entstehenden Störstellen müssen beim Stromfluss überwunden werden, was die Leitfähigkeit herabsetzt (siehe Abschnitt 2.2). Typische Konjugationslängen liegen unterhalb der Länge von 10 Monomer-Einheiten [8]. Alle im Rahmen

---

[1]Die Ethenylgruppe entsteht aus dem Ethen-Molekül, nur sind ein oder zwei Wasserstoffatome durch einen Rest ersetzt.

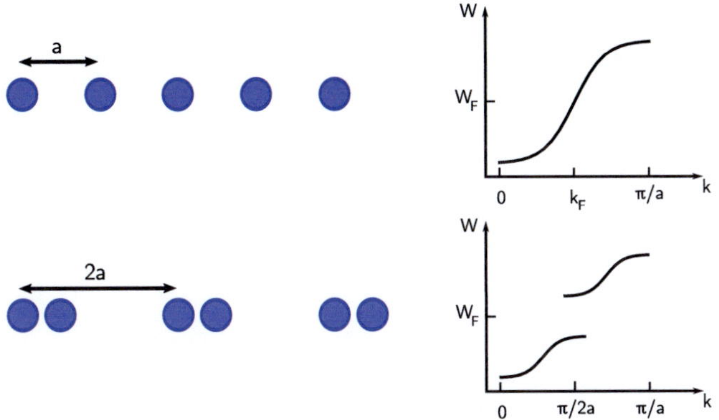

Abbildung 2.3:
  Peierls-Instabilität. Oben links: Atomkette (blau) mit gleichmäßigen Abständen
  $a$. Oben rechts: Energiediagramm im reziproken Raum, der zur Fermienergie ge-
  hörende Wellenvektor $k_F$ liegt innerhalb der ersten Brillouin-Zone. Unten links:
  Alternierende Bindungslängen, die Länge der Elementarzelle liegt nun bei $2a$. Die
  Energie der besetzten Zustände ($k < k_F$) wird abgesenkt, die der unbesetzten Zu-
  stände wird angehoben.

dieser Arbeit untersuchten Polymere sind PPV-Derivate, eine weitere wichtige Klasse
von konjugierten Polymeren sind die Polythiophene, die in organischen Feldeffekt-
transistoren und Solarzellen zum Einsatz kommen.

## 2.1.3 Bandstruktur

Bei der Kopplung zweier p-Atomorbitale bilden sich auch zwei Molekülorbitale: das
durch Energieabsenkung gekennzeichnete bindende $\pi$- sowie das antibindende $\pi^*$-Mo-
lekülorbital. Sind an einer konjugierten Doppelbindung viele Atome beteiligt, entsteht
eine entsprechend große Anzahl an $\pi$-Molekülorbitalen, die zu einer kontinuierlich verteilten Zustandsdichte führen. Da im Grundzustand die $\pi^*$-Orbitale unbesetzt sind,
ist das entstandene Energieband halb gefüllt und man würde eigentlich einen metallischen Charakter erwarten.

Eine Bandlücke entsteht durch die für eindimensionale Metalle charakteristische
Peierls-Instabilität. Man versteht darunter periodische Gitterverzerrungen, die durch
alternierende Bindungslängen zu einer Absenkung der Gesamtenergie führen. In Abbildung 2.3 ist oben die unverzerrte und unten die Atomkette mit alternierenden
Abständen dargestellt. Durch das paarweise Zusammenrücken der Atome verdoppelt
sich die Länge der Elementarzelle und der räumliche Überlapp der $p_z$-Orbitale wird
abwechselnd verkleinert und vergrößert. Der zur Fermienergie gehörende Wellenvek-

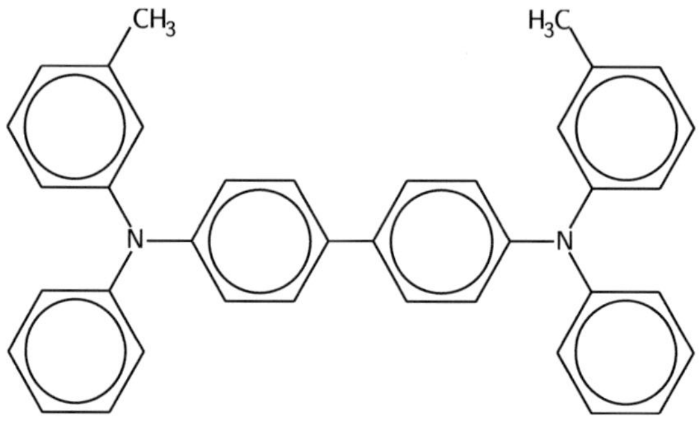

Abbildung 2.4:
Chemische Struktur N,N'-Bis(3-Methylphenyl)-N,N'-Diphenylbenzidin (TPD)

tor $k_F$ entspricht im verzerrten Fall dem Rand der ersten Brillouinzone. In jeder elementaren Einheit ist im Grundzustand das bindende $\pi$-Orbital zweifach besetzt. Dessen Energie wird durch den größeren Überlapp abgesenkt ($k < k_F$), die der antibindenden $\pi^*$-Orbitale erhöht. Die Fermienergie $W_F$ liegt in der Mitte der gebildeten Bandlücke.

Konjugierte Polymere sind deshalb Halbleiter. Das aus den energetisch am höchsten liegenden besetzten Orbitalen bestehende Band wird mit HOMO (engl. „highest occupied molecular orbital"), das niedrigst gelegene unbesetzte Band mit LUMO (engl. „lowest unoccupied molecular orbital") bezeichnet.

## 2.1.4 Kleine Moleküle

Die sogenannten kleinen Moleküle (engl. „small molecules") bilden neben den konjugierten Polymeren eine weitere Klasse organischer Halbleiter. Auch sie verfügen über ein System konjugierter Doppelbindungen. Der wichtigste Unterschied ist ihr vergleichsweise geringes Molekulargewicht. Bei elektronischem Transport müssen daher Molekülgrenzen von den Ladungsträgern wesentlich häufiger überschritten werden als bei Polymeren. Deren geringe Konjugationslänge bedingt allerdings ähnliche Transporteigenschaften der beiden Stoffklassen. Kleine Moleküle können im Gegensatz zu Polymeren durch thermisches Verdampfen als Schicht abgeschieden werden, was die Herstellung beliebiger Schichtfolgen ermöglicht.

Bei nahezu allen organischen Halbleitern unterscheiden sich die Beweglichkeiten der Ladungsträger beider Polaritäten deutlich. Bei kleinen Molekülen ist diese Asymmetrie häufig stärker ausgeprägt als bei Polymeren. Als Beispielmolekül ist in Abbildung 2.4 der Halbleiter N,N'-Bis(3-methylphenyl)-N,N'-diphenylbenzidine (TPD) dargestellt. Er zeichnet sich unter anderem durch seine hohe Leitfähigkeit für Löcher aus. Die Nullfeldmobilitäten betragen $\mu_h = 3{,}2 \cdot 10^{-3}\,\text{cm}^2/\text{V\,s}$ und $\mu_e = 1 \cdot 10^{-8}\,\text{cm}^2/\text{V\,s}$ [9]. Daher wird das Material häufig als Lochtransportschicht eingesetzt.

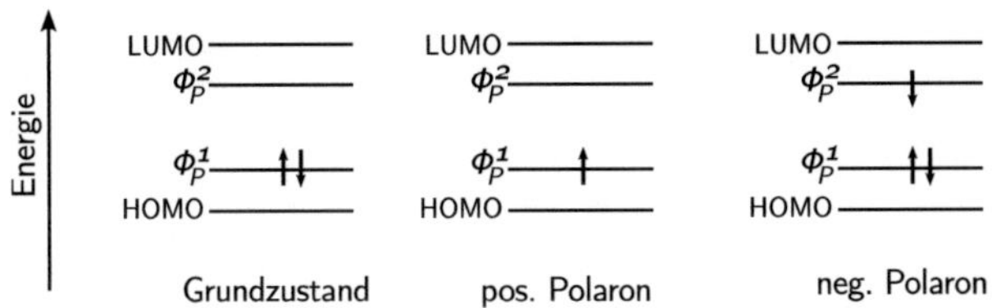



Abbildung 2.5:
Durch die Kopplung von Elektronen mit Phononen entstehen Polaron-Zustände, deren Energie innerhalb der Bandlücke liegt. Links ist deren Besetzung im Grundzustand, in der Mitte bei angeregtem positiven und rechts bei angeregtem negativen Polaron eingezeichnet.

## 2.1.5 Anregungszustände

### Polaronen

Bei der Beschreibung freier Ladungsträger in organischen Halbleitern muss die im Vergleich zu anorganischen Kristallen starke Wechselwirkung mit Molekül-Schwingungsmoden (Phononen) berücksichtigt werden. Die Kopplung von Elektron und Phonon kann als Quasiteilchen aufgefasst werden, das Polaron genannt wird. Seine Eigenschaften in konjugierten Polymeren werden durch die Theorie von Fesser, Bishop und Campbell [10] beschrieben.

Durch die Wechselwirkung entstehen neue, in der Bandlücke liegende Zustände, welche wegen teilweise erlaubter optischer Übergänge spektroskopisch nachgewiesen werden können [11]. Die Polaronzustände und ihre Besetzungsmöglichkeiten im Molekülorbitalbild sind schematisch in Abbildung 2.5 gezeichnet. Im Grundzustand ist das niedrigere Polaron-Niveau $\Phi_P^1$ mit zwei Elektronen besetzt. Ein positives Polaron entsteht durch Entfernen eines dieser Elektronen, die einfache Besetzung des Zustandes mit der Energie $\Phi_P^2$ entspricht einem negativen Polaron.

Um die Analogie zu anorganischen Halbleitern zu betonen, wird vereinfachend das positive Polaron als Loch, das negative als Elektron bezeichnet. Polaronen spielen eine wichtige Rolle bei organischen Leuchtdioden und vor allem Lasern, da sie durch Absorption in Zustände im quasi-kontinuierlichen Band angeregt werden können und deshalb einen wichtigen, spektral breiten Verlustkanal darstellen.

Die Rekombination von Ladungsträgerpaaren kann nur bedingt durch die Polaronen-Theorie beschrieben werden, da diese die Elektron-Elektron-Wechselwirkung und damit die die Rekombination unterstützende Exzitonbildung vernachlässigt. Diese spielt eine entscheidende Rolle bei der strahlenden Rekombination.

### Exzitonen

Unter einem Exziton versteht man ein wasserstoff- oder positronium-ähnliches System, das aus Elektron und Loch besteht und durch deren Coulomb-Wechselwirkung zu Stande kommt. Die Bindungsenergie $W_b$ ist gegeben durch

$$W_b = \frac{e^2}{4\pi\epsilon_0\epsilon_r a}.$$ 

(2.1)

Dabei ist $a$ der Abstand der Ladungsträger, $\epsilon_0$ die elektrische Permittivitätskonstante, $\epsilon_r$ die relative Permittivität und $e$ die Elementarladung. Im niedrigsten exzitonischen Zustand entspricht $a$ dem Bohrschen Radius $a_0$, der wegen der geringeren relativen Permittivität $\epsilon_r$ der organischen Materialien wesentlich kleiner ist, als dies bei anorganischen Halbleitern der Fall ist. Daraus resultiert eine vergleichsweise große Bindungsenergie $W_b$, die typischerweise im Bereich von 1 eV liegt. Da dies die thermische Aktivierungsenergie bei Raumtemperatur $1/(k_B T_R) \approx 25\,\text{meV}$ deutlich übersteigt, werden die optischen Eigenschaften auch in normaler Umgebung durch exzitonische Übergänge bestimmt. Dagegen spielen Exzitonen bei anorganischen kristallinen Halbleitern typischerweise nur bei wesentlich tieferen Temperaturen eine Rolle.

Der Unterschied in der räumlichen Ausdehnung hat weitere Konsequenzen. Bei kristallinen Halbleitern ist der Bohrsche Radius $a_0$ meistens deutlich größer als die Einheitszelle. In diesem Fall können die gebundenen Elektron-Loch-Paare im Rahmen der Effektiven-Masse-Näherung als Quasiteilchen beschrieben werden, die man Wannier-Exzitonen nennt.

Die Exziton-Ausdehnung in amorphen organischen Halbleitern unterschreitet dagegen die Konjugationslänge [12]. Daher ist die Effektive-Masse-Näherung dort nicht gültig [13]. Man spricht dann von Frenkel-Exzitonen.

Eine wichtige Eigenschaft bei Zwei-Teilchen-Systemen mit Fermionen ist die Permutationssymmetrie. Nach dem Pauliprinzip ist die aus Orts- und Spin-Anteil zusammengesetzte Gesamtwellenfunktion immer antisymmetrisch bezüglich einer Vertauschung der Teilchen. Ein antisymmetrischer Spin-Anteil bedingt eine symmetrische Ortsraum-Wellenfunktion und umgekehrt. Die beiden Möglichkeiten werden nach dem Grad ihrer Entartung als Singulett und Triplett bezeichnet.

Bei einem optischen Übergang kann sich die Austauschsymmetrie nicht ändern, daher können Singulett und Triplett nicht auf diese Weise ineinander übergehen. Gleichbedeutend kann man auch von der Erhaltung des Gesamtspins bei optischen Übergängen sprechen. Diese gilt streng genommen nur bei leichten Atomen, bei denen die Kopplung von Spin und Bahndrehimpuls geringen Einfluss hat. Daher sind bei vielen organischen Halbleitern Übergänge zwischen Singulett- und Triplett-Zuständen möglich. Ein solcher Übergang wird auch als Interkombination (engl. „inter system crossing" ISC) bezeichnet, erfolgt er strahlend, spricht man von Phosphoreszenz. Strahlende und spin-erlaubte Übergänge werden als Fluoreszenz bezeichnet. Experimentell beobachtet man bei letzterem eine wesentlich kürzere Lebensdauer.

Ähnlich dem Wasserstoffatom haben Exzitonen durch eine Hauptquantenzahl $n$ charakterisierte Zustände, deren Energie mit $W_n$ bezeichnet wird. Wie erwähnt, sind dabei Singulett- und Triplett-Zustände $S_n$ und $T_n$ zu unterscheiden. Dem Grund-

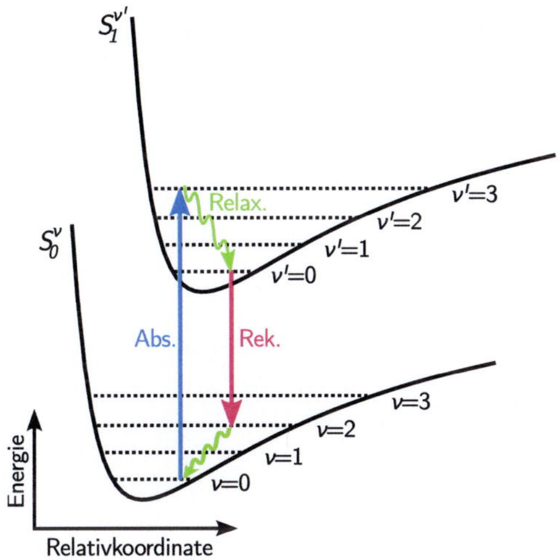



Abbildung 2.6:

> Zum optischen Übergang $S_0 \leftrightarrow S_1$. Die Molekülschwingungen können durch Moden eines harmonischen Oszillators angenähert werden. Die Absorption (blau) erfolgt vom Grundzustand $S_0^0$ in den ersten angeregten Exzitonzustand mit beliebiger vibronischer Quantenzahl $S_1^{\nu'}$. Es folgt strahlungslose Relaxation (grün) in den vibronischen Grundzustand $S_1^0$. Der strahlende Zerfall (rot) resultiert wieder in eine angeregte Schwingungsmode $S_0^{\nu}$. Alle optischen Übergänge erfolgen senkrecht (Franck-Condon-Prinzip).

zustand des Moleküls ist der niedrigste exzitonische Zustand $S_0$ zugeordnet. Dieser ist bei konjugierten Polymeren und kleinen Molekülen regelmäßig ein Singulett, da im Grundzustand die bindenden $\pi$-Molekülorbitale voll besetzt sind, jedes Orbital enthält also zwei Elektronen mit entgegengesetztem Spin.

Bei optischen Exziton-Übergängen sind Wechselwirkungen mit vibronischen Zuständen der Moleküle (Phononen) von Bedeutung. Da der Impuls des Photons klein gegenüber dem der Atomkerne ist und der Übergang in einer die Periodendauer der Schwingungen wesentlich unterschreitenden Zeit stattfindet, gilt für optische Übergänge das Franck-Condon-Prinzip. Dieses besagt , dass die vibronischen Molekülzustände von dem Übergang unbeeinflusst sind. Im Potentialkurvendiagramm (Abbildung 2.6) erfolgen diese daher senkrecht. Eine Analogie wird in der Festkörperphysik mit der Born-Oppenheimer-Näherung oft verwendet, dort werden die elektronischen Eigenschaften unabhängig von den Bewegungen der Atomkerne betrachtet.

Die Energien der Molekülschwingungen sind typischerweise deutlich größer als die thermische Aktivierungsenergie, daher befindet sich das System im thermischen Gleichgewicht in dem am tiefsten gelegenen vibronischen Zustand $S_n^{\nu} = S_0^0$.

Eine optische Anregung zu $S_1$ erfolgt senkrecht und kann zu jedem der Schwingungszustände $S_1^{\nu'}$ führen. Die Relaxation zu dem vibronischen Grundzustand $S_1^0$ erfolgt in einer Zeit, die wesentlich kürzer ist als die Fluoreszenzlebensdauer. Daher erfolgt die strahlende Rekombination von der niedrigsten Schwingungsmode des angeregten Exzitons $S_1^0$ aus. Der Endzustand kann wieder vibronisch angeregt sein. Die Schwingungsfreiheitsgrade bedingen daher eine Vielzahl möglicher Übergänge, die abgestrahlte Energie wird durch die jeweilige vibronische Relaxation reduziert. Daher sind breite Absorptions- und Emissionsspektren für organische Halbleiter typisch, ebenso wie eine spektrale Rotverschiebung der Emission im Vergleich zur Absorption. Für organische Laser ist diese sogenannte Stokes-Verschiebung besonders hilfreich, auf Grund der geringen Überlappung von Absorptions- und Emissionsspektren kann ein einmal entstandenes Photon kaum mehr verloren gehen.

## 2.2 Ladungstransport

Da amorphe organische Halbleiter keine periodische Translationssymmetrie haben, ist der physikalische Prozess des Ladungstransports grundlegend verschieden von dem in anorganischen Kristallen.

Bei organischen Materialien unterscheidet man den Ladungstransport durch Überwinden von Molekülgrenzen von der Ladungsträgerbewegung innerhalb einer Molekülkette. Wie erwähnt, hätte ein Polymer mit einer der Ausdehnung der Kette entsprechenden Konjugationslänge eine sehr hohe Leitfähigkeit. Die Homogenität der delokalisierten Elektronen-Aufenthaltswahrscheinlichkeit wird in der Realität durch die räumliche Anordnung des Moleküls („Knicke" etc.) unterbrochen. Modellhaft kann man sich lokalisierte, räumlich und energetisch benachbarte Zustände vorstellen. Der Transport kommt dann durch thermisch aktiviertes Hüpfen (engl. „hopping") des Ladungsträgers von einem dieser Zustände zum nächsten zu Stande. Der intramolekulare Transport bei Polymeren zeichnet sich durch eine hohe Ladungsträgermobilität aus (z.B. $600\,\mathrm{cm^2/V\,s}$ [14]) und kann durch sehr hochfrequente Messungen (zum Beispiel Terahertzstrahlung [15]) experimentell bestimmt werden.

Die gemessenen Mobilitäten amorpher organischer Filme sind um mehrere Größenordnungen niedriger, sie werden durch das notwendige Überwinden der Molekülgrenzen limitiert. Theoretisch beschreiben lässt sich der Transport im Bässler-Modell, das lokalisierte Zustände annimmt, die einer statistischen Verteilung unterliegen [16, 17].

Empirisch findet man aus einer Vielzahl von Monte-Carlo-Simulationen für die feld-

und temperaturabhängige Mobilität $\mu(E, T)$ folgenden Zusammenhang [18–20]:

$$\mu(E, T) = \mu(E = 0) \exp\left(\frac{-\Delta + \beta\sqrt{E}}{k_B T_{eff}}\right), \qquad (2.2\text{a})$$

$$\frac{1}{T_{eff}} = \frac{1}{T} - \frac{1}{T_0}. \qquad (2.2\text{b})$$

$$(2.2\text{c})$$

Bei einer gegebenen Temperatur $T$ gilt dann:

$$\mu(E) = \mu(E = 0, T) \exp\left(\sqrt{\frac{E}{E_0}}\right). \qquad (2.3)$$

Dabei ist $\Delta$ die thermische Aktivierungsenergie, $k_B$ die Boltzmann-Konstante, $E$ das elektrische Feld, $T$ die Temperatur und $T_{eff}$ die in (2.2b) definierte effektive Temperatur.

Die Feldabhängigkeit wird in Gleichung (2.2a) durch die phänomenologische Konstante $\beta$, in Gleichung (2.3) durch $E_0$ ausgedrückt. Ebenfalls experimentell bestimmt wird der Wert der Konstanten $T_0$, die die Temperaturabhängigkeit der Ladungsträgerbeweglichkeit wiedergibt. Den Zusammenhang (2.2a) findet man in ähnlicher Form auch beim Poole-Frenkel-Effekt, der die Stromleitung in Isolatoren über sog. Ladungsträgerfallen ermöglicht. Trotz dieser Ähnlichkeit liegt der Leitfähigkeit von organischen Halbleitern ein anderer physikalischer Prozess (s. o.) zu Grunde [18].

## 2.3 Optische Eigenschaften

Die Elektro- und Photolumineszenz organischer Halbleiter wird durch die Dynamik von Exzitonen bestimmt. Bei optischer Anregung werden diese direkt erzeugt, im Falle der elektrischen Anregung durch äußere Injektion von Ladungsträgern entstehen Exzitonen durch Langevin-Rekombination [5]. Die Langevin-Theorie beschreibt den Prozess der Annäherung von entgegengesetzt geladenen Polaronen auf Abstände unterhalb des Coulomb-Radius. Dieser wird als der Abstand $d_C$ definiert, bei dessen Unterschreitung die Coulomb-Anziehung gegenüber der thermischen Energie $W_{th} = k_B T$ überwiegt. Es gilt daher [21]

$$\frac{e^2}{4\pi\epsilon_0\epsilon_r d_C} = k_B T. \qquad (2.4)$$

Dabei ist $e$ die Elementarladung, $\epsilon_0\epsilon_r$ die elektrische Permittivität, $k_B$ die Boltzmannkonstante und $T$ die Temperatur. Die Bewegung der Ladungsträger erfolgt überwiegend durch Diffusion, weniger durch feldgetriebenen Drift. Die Diffusionsstromdichte ergibt sich durch

$$J_D = -q_{e,h} D_{e,h} \nabla n_{e,h}(\vec{r}), \tag{2.5}$$

wobei $q_{e,h} = \pm e$ die Elektronen- bzw. Lochladung ist, $n_{e,h}$ die jeweilige Ladungsträgerdichte und $D_{e,h}$ der Diffusionskoeffizient. Letzterer kann mit Hilfe der Einstein-Relation durch die jeweilige Ladungsträgermobilität ausgedrückt werden:

$$D_{e,h} = \frac{k_B T}{e} \mu_{e,h}. \tag{2.6}$$

Die Generationsrate $k_L(\vec{r}, t)$ beträgt dann:

$$k_L(\vec{r}, t) = \frac{e}{\epsilon_0 \epsilon_r} \cdot n_e(\vec{r}, t) n_h(\vec{r}, t) \left( \mu_e + \mu_h \right). \tag{2.7}$$

Das Verhältnis der entstehenden Singulett- zu Triplett-Exzitonen liegt bei 3:1 [22, 23]. Dies ist insbesondere bei organischen Lasern von Bedeutung, da Triplett-Exzitonen nicht zur optischen Verstärkung beitragen. Sie führen im Gegenteil zu optischen und rekombinatorischen Verlusten, da sie Photonen absorbieren und Singulett-Exzitonen vernichten können (vgl. Abschnitt 2.6). Dagegen können sie bei organischen Leuchtdioden zur Lichterzeugung genutzt werden, da die lange Lebensdauer der Phosphoreszenz dort nicht entscheidend ist. Die Wahrscheinlichkeit der Umwandlung zu Singulett-Zuständen (Interkombination) kann durch sog. Triplettemitter erhöht werden. Diese enthalten Atome mit hoher Kernladungszahl, die wegen der starken Spin-Bahn-Kopplung die Spin-Erhaltungsregel abschwächen.

Das Jablonski-Diagramm (Abbildung 2.7) bietet eine Übersicht der möglichen optischen Übergänge. Zu erkennen ist wieder die Erzeugung von Singulett-Exzitonen über vibronische Zustände. Die durch gestrichelte Pfeile gekennzeichneten optischen Übergänge sind durch Interkombination möglich und sind deshalb wesentlich weniger wahrscheinlich. Die Relaxation von höheren vibronischen Zuständen in den Grundzustand erfolgt strahlungslos durch interne Konversion. Auch Triplett-Exzitonen können strahlungslos durch Interkombination und anschließende Relaxation zerfallen. Im Folgenden werden weitere, die optischen Eigenschaften bestimmende Wechselwirkungen diskutiert.

### 2.3.1 Intermolekulare Wechselwirkungen

Bei spektroskopischen Untersuchungen an konjugierten Polymeren beobachtet man häufig einen deutlichen Einfluss der Morphologie der Proben auf die spektralen Eigenschaften. Besonders deutlich werden Unterschiede bei der Untersuchung eines solchen Materials sowohl in Lösung als auch als glasartigen Festkörper (Polymerfilm).

Neben dem Einfluss der dielektrischen Umgebung auf die Exziton-Bindungsenergien spielt die quantenmechanische Kopplung der einzelnen Moleküle über kurze Abstände eine entscheidende Rolle. Experimentell können solche Kopplungen im festen

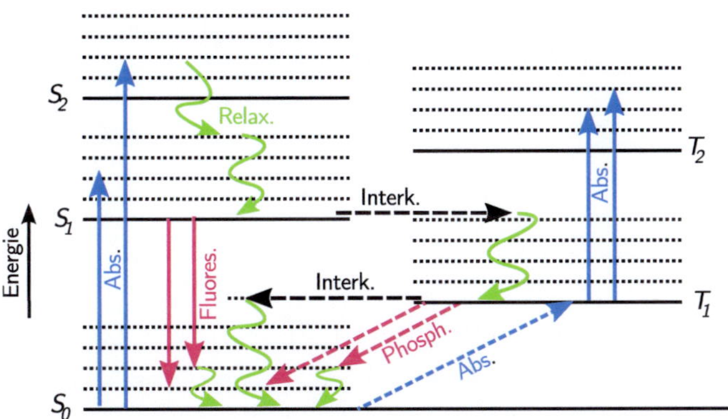


Abbildung 2.7:

Jablonski-Diagramm. Es zeigt wichtige exzitonische Übergänge, durch Spinerhaltung erlaubte sind mit durchgezogenen Pfeilen symbolisiert. Interkombination wird durch gestrichelte, strahlungslose interne Konversion durch wellenförmige Pfeile dargestellt. Die möglichen exzitonischen Zustände sind als Linien eingezeichnet, gepunktete Linien entsprechen vibronischen Anregungszuständen, durchgezogene Linien dem vibronischen Grundzustand.

Aggregatszustand beobachtet werden, sie verschwinden aber in genügend verdünnter Lösung wegen des größeren Abstands der Moleküle voneinander. Man unterscheidet Wechselwirkungen von angeregten Zuständen und solche, die auch im Grundzustand auftreten.

## Molekulare Aggregate

Darunter versteht man die intermolekulare Kopplung von intramolekularen Exzitonen durch räumlichen Überlapp der zugehörigen Wellenfunktionen. Die Oszillatorstärke des strahlenden Zerfalls ist von der geometrischen Anordnung der Übergangs-Dipolmomente beeinflusst [24]. Quantenmechanisch führt die Kopplung der elektronischen Wellenfunktionen zu einer Energieaufspaltung. Betrachtet man die Aggregation zweier (eindimensionaler) Monomere zu einem Dimer, ergeben sich vier Fälle: Die Übergangsdipolmomente der einzelnen Monomere können parallel oder antiparallel zueinander, sowie parallel oder senkrecht zur Molekülachse ausgerichtet sein. In Abbildung 2.8 sind die Energieniveaus des Monomers und des Dimers eingezeichnet.

Aggregat-Übergänge sind nur bei zueinander parallel ausgerichteten Dipolmomenten möglich, andernfalls verschwindet die Oszillatorstärke. Im Fall der parallel zur Molekülachse ausgerichteten Übergangsmomente ist die Wechselwirkung dann attraktiv, also mit Energieabsenkung verbunden (Abbildung 2.8 links). Sind die Dipole dagegen senkrecht zur Molekülachse orientiert, stoßen sie sich ab. Die Emission ist also blauverschoben (hypsochrom), die Wechselwirkung wird deshalb H-Aggregat genannt (Abbildung 2.8 rechts).

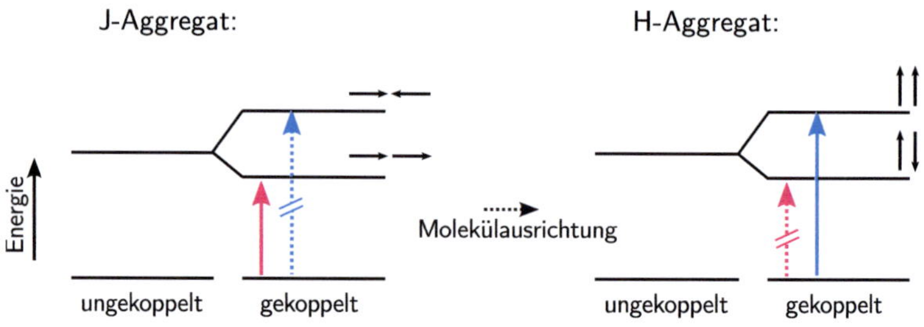


Abbildung 2.8:
 Links: J-Aggregate. Die Übergangsdipolmomente liegen parallel zur Achse des Moleküls. Rechts: H-Aggregate. Die Übergangsdipolmomente sind senkrecht zur Molekülachse orientiert. Antiparallele Momente heben sich auf, der Übergang ist verboten. Die Lumineszenz ist im Falle der J-Aggregate rot- andernfalls blauverschoben.

Die in dieser Arbeit relevanten Aggregate zeichnen sich durch eine attraktive Wechselwirkung, Energieabsenkung und damit einer Rotverschiebung des strahlenden Übergangs aus. Nach ihrem Entdecker Edwin Jelley bezeichnet man sie als J-Aggregate [25]. Bei dreidimensionalen Strukturen sind natürlich auch zwischen den beiden beschriebenen Extremfällen liegende geometrische Ausrichtungen der Übergangsmomente sowie die Beteiligung mehrerer Moleküle möglich. Ersteres führt dazu, dass beide Übergänge in Abbildung 2.8 links erlaubt sind, letzteres zu weiterer Aufspaltung.

Wichtig ist, dass die Kopplung auch im Grundzustand vorhanden ist, deshalb entstehen durch Aggregatbildung zusätzliche Strukturen im Absorptionsspektrum. Durch Photolumineszenz-Anregungsspektroskopie (engl. „photoluminescence excitation", PLE), bei der die Wellenlänge des Anregungslichts bei konstanter Detektionswellenlänge variiert wird, lassen sich Aggregate gezielt anregen und damit nachweisen [26].

**Excimer**

Unter Excimeren (Kunstwort aus engl. „excited dimer"), versteht man die Kopplung von gleichartigen Systemen, die nur im angeregten Zustand existieren. Der Begriff stammt aus der Atomphysik. Im hier beschriebenen Zusammenhang ist dabei ebenfalls die intermolekulare Kopplung von Exzitonen gemeint. Der wichtige Unterschied zu Aggregaten ist die sich auf den angeregten Zustand beschränkende Kopplung, nach dem Übergang in den Grundzustand dissoziieren die Excimere wegen der dann repulsiven Wechselwirkung. Daher verändert sich das Absorptionsspektrum durch die Möglichkeit der Excimerbildung nicht (siehe Abbildung 2.9).

Die Energie des Excimerzustands ist niedriger als die der beteiligten Exzitonen, bei der Fluoreszenzspektroskopie fallen Excimere daher ebenfalls durch eine Rotverschiebung auf, während das Absorptionsspektrum nicht durch ihre Bildung beeinflusst

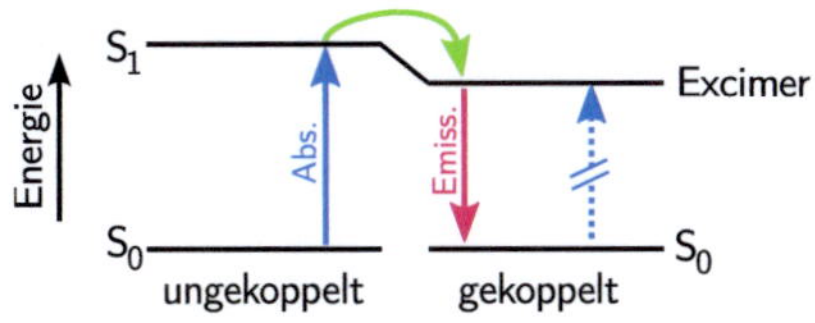



Abbildung 2.9:
Excimer-Energieschema. Im Grundzustand S$_0$ besteht keine Kopplung zwischen den Molekülen. Durch Absorption eines Photons (blauer Pfeil) können angeregte Exziton-Zustände S$_1$ besetzt werden. Die intermolekulare Kopplung führt zu einer Energieabsenkung (Excimer-Niveau), die Emission (roter Pfeil) ist daher durch die Kopplung rotverschoben. Die direkte Anregung des Excimers (gestrichelter Pfeil) ist nicht möglich, da der Excimer-Zustand erst durch die Wechselwirkung bereits vorhandener Exzitonen (S$_1$) entsteht und daher im Grundzustand nicht existiert.

wird. Quantenmechanisch kann man das Excimer als Superposition der beiden Exzitonwellenfunktionen und der eines Ladungstransferexzitons beschreiben, letzteres bedeutet, dass positiver und negativer Ladungsträger auf verschiedenen Molekülen lokalisiert sind [27].

Man kann zeigen, dass die Excimer-Wellenfunktion im niedrigsten angeregten Zustand bei PPV-Derivaten (ebenso wie der Grundzustand) eine gerade Parität aufweist, der strahlende Zerfall ist daher aus Symmetriegründen verboten. Möglich ist er dennoch, allerdings ist die Lebensdauer wesentlich verlängert. Erklärt werden kann dies im Rahmen der Störungstheorie durch Kopplung mit Zuständen ungerader Parität, die wiederum durch thermische Schwingungen der Moleküle ermöglicht wird. [27, 28].

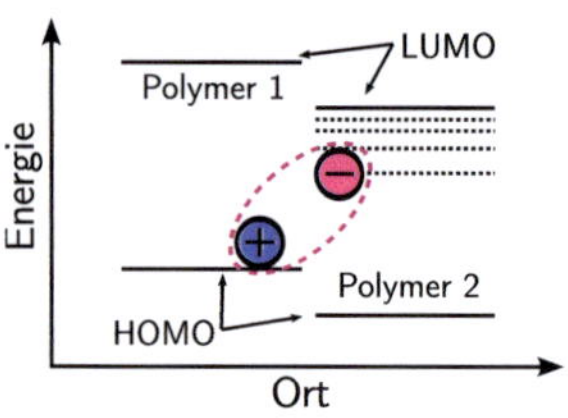


Abbildung 2.10:
  Energieschema des Typ-II-Heteroübergangs von organischen Halbleitern. Die
  Kopplung angeregter Zustände ermöglicht die Besetzung eines Exciplex-Zustandes
  (Ladungstransfer-Exziton), der energetisch unterhalb der intramolekularen Exzito-
  nen liegt.

**Exciplex**

Der Ausdruck ist ebenfalls ein Kunstwort (engl. „excited complex") und stammt wie
der Begriff Excimer aus der Atomphysik. Im Kontext der organischen Halbleiter ist
damit eine Kopplung der angeregten Exziton-Zustände unterschiedlicher Moleküle
gemeint. Erstmalig wurde ein solcher Effekt 1994 bei konjugierten Polymeren nachgewiesen [29]. Ähnlich wie bei Excimeren verschwindet die Wechselwirkung nach dem
Zerfall, die Absorption des Materials wird durch Exciplexbildung nicht beeinflusst.

Trotz dieser Ähnlichkeit zu Excimeren gibt es fundamentale Unterschiede. Da die
Paritätssymmetrie der Gesamtwellenfunktion gebrochen ist, sind strahlende Zerfälle
erlaubt [30]. Die Lebensdauer ist dann ggf. vergleichbar mit der des zugehörigen
Singulett-Exzitons. Sie kann diese allerdings auch deutlich übersteigen [31].

Die Entstehung von Exciplex-Zuständen erfordert einen Typ-II-Heteroübergang,
bei dem sowohl das HOMO- als auch das LUMO-Niveau bei einem der beiden Materialien tiefer liegt. Aus Abbildung 2.10 wird deutlich, dass die beim Zerfall frei
werdende Energie in dieser Konstellation niedriger sein muss als die der beiden beteiligten Exzitonen. Der Exciplex-Zustand kann als niedrigster angeregter Zustand
des Ladungstransfer-Exzitons aufgefasst werden [32]. Analog zum intramolekularen
Frenkel-Exziton handelt es sich dabei um einen wasserstoffähnlich gebundenen Zustand von Elektron und Loch, allerdings befinden sich diese jeweils auf verschiedenen
Molekülen. Beim Zerfall muss daher ein Ladungstransfer stattfinden.

## 2.3.2 Förstertransfer

Unter Förstertransfer versteht man eine resonante Dipol-Dipol-Wechselwirkung zweier Singulett-Exziton-Zustände von unterschiedlichen Molekülen. Dabei wird Energie
von dem Donator- auf das Akzeptormolekül übertragen, ohne dass dabei Teilchen
(also Ladung oder Masse) ausgetauscht würden (siehe Abbildung 2.11). Die Transferrate $F(R)$ ergibt sich aus dem räumlichen Abstand von Donator und Akzeptor mit

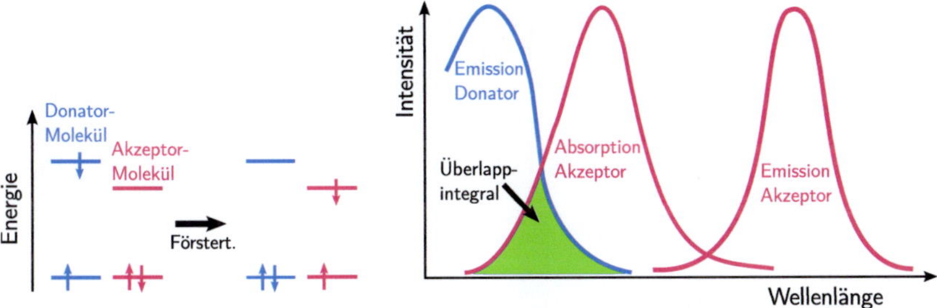


Abbildung 2.11:
  Förstertransfer: Durch resonante Dipol-Dipol-Wechselwirkung wird die Energie eines angeregten Donatormoleküls auf einen Akzeptor übertragen (linke Teilabbildung). Nach dem Prozess ist das Donator-Molekül im Grundzustand und das Akzeptormolekül ist angeregt. Voraussetzung ist eine spektrale Überlappung des Donator-Emissionsspektrums mit dem Absorptionsspektrum des Akzeptors (grün in der rechten Teilabbildung).

dem systemcharakteristischen Försterradius $R_0$ wie folgt:

$$R_0 = \sqrt[6]{\frac{3c^2}{4\pi n^4} \int \frac{d\omega}{\omega^4} f_D(\omega)\sigma_A(\omega)}, \tag{2.8}$$

$$F(R) = \frac{1}{\tau_D}\left(\frac{R_0}{R}\right)^6. \tag{2.9}$$

Dabei ist $\tau_D$ die Fluoreszenzlebensdauer des alleinigen Donators, $f_D$ das normierte Fluoreszenzspektrum des Donators, $\sigma_A$ der normierte Absorptionsquerschnitt des Akzeptors, $n$ der Brechungsindex, $\omega$ die Kreisfrequenz der Photonen und $c$ die Lichtgeschwindigkeit. Der Wert des Integrals in Gleichung (2.8) entspricht dem spektralen Überlapp der Donator-Fluoreszenz mit der Absorption des Akzeptors, gewichtet mit dem Faktor $\omega^{-4}$. Dieser bestimmt zusammen mit dem Abstand $R$ die Effizienz des Energietransfers.

Gleicht die räumliche Distanz zwischen den beteiligten Molekülen dem Försterradius ($R = R_0$), ist die Transferrate $F(R_0)$ mit dem Kehrwert der Fluoreszenzlebensdauer $\tau_D$ identisch. Ist eine direkte Emission des Wirts unerwünscht, muss der Abstand daher deutlich kleiner als der Försterradius sein. Dies ist bei auf Gast-Wirt-Systemen beruhenden Lasern oder Leuchtdioden normalerweise der Fall. Der Förstertransfer ist dann der dominante Übertragungsprozess.

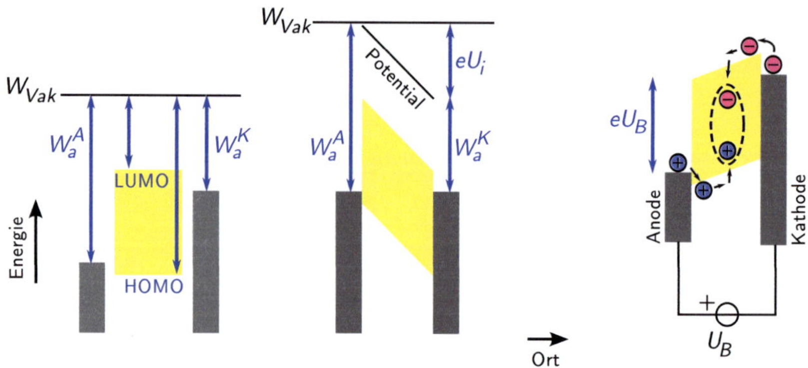


Abbildung 2.12:

Links: Energieschema des Halbleiters (gelb) und der Elektroden (grau) ohne Kontakt. Eingezeichnet sind die Austrittsarbeiten der leitenden Anode $W_a^A$ und Kathode $W_a^K$, sowie die HOMO- und LUMO-Niveaus. Mitte: Energieschema nach dem Kontakt. Durch die Potentialdifferenz besteht zwischen den Elektroden die innere Spannung $U_i$. Rechts: Betrieb der OLED, der Wert der Versorgungsspannung $U_B$ muss $U_i$ übersteigen.

## 2.4 Organische Leuchtdioden

Im einfachsten Fall besteht eine organische Leuchtdiode (engl. „organic light emitting device / diode", OLED) aus einem ambipolar leitfähigen Halbleiter und zwei leitfähigen Elektroden. Mindestens eine davon ist transparent, andernfalls könnte das erzeugte Licht nicht genutzt werden. Als Materialien dafür werden leitfähige Oxide (engl. „transparent conductive oxide", TCO) verwendet, besonders verbreitet sind Indiumzinnoxid (engl. „indium tin oxide", ITO) und mit Aluminium dotiertes Zinkoxid (ZnO:Al oder ZAO).

Entsprechend ihrer Funktion werden die Elektroden Anode (nimmt Elektronen auf bzw. injiziert Löcher) und Kathode (gibt Elektronen ab) genannt. Die für die Strominjektion wichtigste Materialeigenschaft von Anode und Kathode ist ihre Austrittsarbeit $W_a^A$, $W_a^K$ (siehe Abbildung 2.12 links). Die Elektrodenmaterialien werden so gewählt, dass die vom Ladungsträger zu überwindende Barriere bei der Injektion möglichst gering ist und ein ohmscher Kontakt entsteht. Daher sollte die Austrittsarbeit der Anode $W_a^A$ dem HOMO-Niveau (typischerweise 4 eV . . . 6 eV) möglichst gleichen, die der Kathode möglichst dem LUMO-Niveau (2 eV . . . 3 eV). Für ersteres sind neben Edelmetallen wie Gold auch die transparenten Oxide ITO und ZnO:Al geeignet, für letzteres Alkalimetalle (Kalzium, Lithium, Samarium, . . . ).

Der Kontakt zu Metallen hat bei organischen Halbleitern ähnliche Eigenschaften wie bei anorganischen Materialien. Im Gegensatz zur typischen Situation bei anorganischen Bauelementen, bei denen meist Metalle in Kontakt mit hochdotierten Halbleiterschichten sind, ist die entstehende Raumladungszone wegen der geringeren Ladungsträgerdichte räumlich wesentlich größer ausgedehnt, normalerweise übersteigt sie die Dicke der organischen Schicht. In diesem Fall kann der Verlauf der Bänder in guter Näherung als linear betrachtet werden (s. Abbildung 2.12 Mitte). Die Fermienergien der Metalle gleichen sich bei Kontakt an, daraus resultiert der Bandverlauf entsprechend dem linear abfallenden Potential. Zwischen den Elektroden bildet sich eine innere Spannung aus, die von den Austrittsarbeiten nach $eU_i = W_a^A - W_a^K$ bestimmt ist. Die zum Betrieb des Bauelements angelegte Spannung muss diesen Wert übersteigen $(U_B > U_i)$, wie anhand der rechten Teilabbildung 2.12 ersichtlich ist. Sind sie gleich $(U_B = U_i)$, ist das elektrische Potential im Halbleiter konstant, man spricht dann vom sogenannten Flachbandfall. Die Werte der von den Ladungsträgern zu überwindenden Barrieren $\Phi_e$, $\Phi_h$ ergeben sich aus der Differenz des LUMO- bzw. HOMO-Niveaus und der Austrittsarbeit $W_a^K$ bzw. $W_a^A$ der entsprechenden Elektrode.

Mit der rechts in Abbildung 2.12 eingezeichneten Struktur lassen sich funktionstüchtige Bauelemente herstellen, allerdings erreicht man mit komplexeren Schichtfolgen wesentlich höhere Effizienzen.

Diese zusätzlichen Schichten sind beispielsweise Ladungstransportschichten, die zwischen die Elektroden und den Emitter eingebracht werden. Sie werden aus einem Material gefertigt, das sich durch eine hohe Mobilität des jeweils zu transportierenden Ladungsträgers auszeichnet. Zusätzlich kann die Leitfähigkeit durch Dotierung noch erhöht werden. Die Transportschichten erhöhen die Injektionseffizienz, da diese mit der Leitfähigkeit zunimmt, wie im nächsten Abschnitt beschrieben ist. Außerdem wird die Injektionsbarriere durch zwei kleinere ersetzt. Zusätzlich vergrößert sich durch die Ladungstransportschichten der Abstand der Emitterschicht zu den Elektroden, wodurch Absorption und nichtstrahlende Rekombination im Grenzbereich vermieden wird. Zuletzt kann das unerwünschte Passieren der Ladungsträger, ohne dass Langevin-Rekombination stattfände, durch zusätzliche Schichten mit geeigneten Energieniveaus verhindert werden.

Der durch die Leuchtdiode fließende Strom hängt sowohl von den Barrieren an den Grenzflächen als auch von der internen Leitfähigkeit des organischen Materials ab. Letztere wird bei hinreichend großer Stromstärke unter Umständen von dem abschwächenden Beitrag der transportierten Ladungsträger zum elektrischen Gesamtfeld herabgesetzt. Es werden zwei Grenzfälle unterschieden, wobei jeweils der Einfluss der Raumladungen bzw. der der Injektionsbarrieren vernachlässigt wird.

Im Folgenden werden zur Vereinfachung diese beiden Grenzfälle anhand monopolarer Bauteile diskutiert. Hierbei kommt der Strom nur durch das Fließen eines Ladungsträgertyps zu Stande. Ist die anliegende Spannung klein und die Barrieren eher groß (typisch: $\Phi_{e,h} > 0{,}4\,\text{eV}$ [33]), wird die Stromdichte $J_{ILC}$ durch die Injektionseffizienz begrenzt:

$$J_{ILC}(U) = eN\left(\frac{U}{d}\right)\mu\left(\frac{U}{d}\right)\frac{U}{d}. \tag{2.10}$$

Dabei sind $U$ die anliegende Spannung, $N$ die Ladungsträgerdichte, $\mu(E = \frac{U}{d})$ die Ladungsträgermobilität und $d$ die Dicke der organischen Schicht. Die Ladungsträgerdichte wird anhand der im nächsten Abschnitt vorgestellten Injektionsmodelle berechnet. Man spricht in diesem Fall von injektionsbegrenzter Stromstärke (engl. „injection limited current", ILC).

Ein anderer Begrenzungsmechanismus sind die wegen der geringen Leitfähigkeit entstehenden Raumladungen. Diese schwächen das treibende elektrische Feld ab. Im Grenzfall der raumladungsbegrenzten Stromdichte (engl. „space charge limited current") $J_{SCLC}$ gilt im Fall monopolaren Transports:

$$J_{SCLC}(U) = \frac{9}{8}\epsilon_0\epsilon_r\mu\frac{U^2}{d^3}. \tag{2.11}$$

Hier sind $\epsilon_0\epsilon_r$ die elektrische Permittivität, $d$ die Schichtdicke, $U$ die anliegende Spannung und $\mu$ die hier konstant angenommene Ladungsträgermobilität. Der Zusammenhang (2.11) ist unter dem Namen Mott-Gurney-Gesetz oder in der englischen Literatur auch als Child's Law bekannt. Bei organischen Leuchtdioden beobachtet man die quadratische Abhängigkeit der Stromstärke von der Spannung bei hinreichend kleinen Barrieren und genügend großer Spannung [34].

## 2.4.1 Injektion von Ladungsträgern

Ist die Stromstärke durch die Elektroden bzw. durch die zu überwindende Barriere bestimmt, kann sie anhand der drei folgenden Ansätze modelliert werden. Bei den ersten beiden werden Grenzfälle zur Modellierung der Injektion von Ladungsträgern analog der Kathode in einer Vakuum-Elektronenröhre dargestellt. Der dritte Ansatz berücksichtigt die besonderen Transporteigenschaften der organischen Halbleiter sowie auch die Temperaturabhängigkeit.

### Richardson-Effekt (Glühemission)

Sowohl das Metall als auch der organische Halbleiter werden als Bereiche mit konstantem Potential betrachtet, dabei liegt das Niveau des letzteren um den Wert $\Phi_{e,h}$ höher. Einige der sich im Metall befindenden Elektronen können thermisch angeregt die Barriere $\Phi_{e,h}$ überwinden, auch wenn deren Wert die mittlere kinetische Energie der Elektronen deutlich übersteigt. Der Grund liegt in der Fermi-Verteilung, nach der auch Zustände mit die Fermi-Energie übersteigender Energie eine endliche Besetzungswahrscheinlichkeit haben. In Anwesenheit eines elektrischen Felds wird die Emission noch erleichtert, da durch den Schottky-Effekt die Barriere um den Betrag $\Delta\Phi(E)$ reduziert wird (siehe Abbildung 2.13 links):

$$\Delta\Phi(E) = \sqrt{\frac{e^3 E}{4\pi\epsilon_0\epsilon_r}}. \tag{2.12}$$

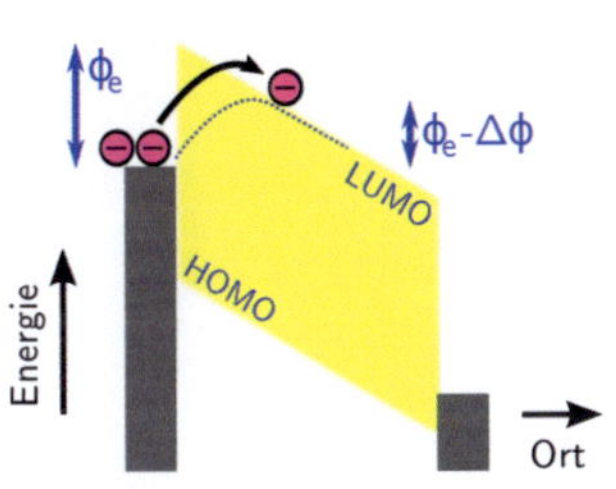


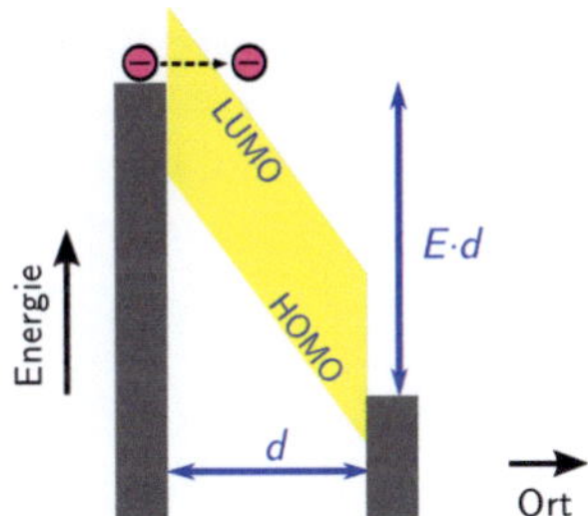


Abbildung 2.13:

  Links: Richardson-Injektion. Die Ladungsträger können die durch den Schottky-Effekt reduzierte Barriere $\Phi_e - \Delta\Phi$ thermisch überwinden. Rechts: Feldemission (Fowler-Nordheim-Tunneln): Bei großer Feldstärke $E$ verlaufen die Potentiale HOMO und LUMO steil. Es entsteht eine dreieckförmige Barriere, die von Ladungsträgern durchtunnelt werden kann.

Dabei sind $e$ die Elementarladung, $E$ die elektrische Feldstärke und $\epsilon_0\epsilon_r$ die elektrische Permittivität. Der Zusammenhang (2.12) erlaubt zusammen mit der Richardson-Dushman-Gleichung [35] die Abschätzung der Injektionsstromdichte $J_{RD}$:

$$J_{RD}(T, E) = \frac{4\pi e m_e k_B^2}{h^3} T^2 \exp\left(-\frac{\Phi_{e,h} - \Delta\Phi(E)}{k_B T}\right). \qquad (2.13)$$

Die oben noch nicht aufgeführten Größen sind die Boltzmannkonstante $k_B$, die Temperatur $T$, die Elektronenmasse $m_e$ und das Plancksche Wirkungsquantum $h$. Die Gleichung beschreibt das thermisch angeregte Überwinden der durch das elektrische Feld reduzierten Barriere $\Phi_{e,h} - \Delta\Phi(E)$. Da die Elektronen auch nach dem Überwinden der Barriere als freie Teilchen betrachtet werden, ist das Modell nur von begrenzter Gültigkeit. Denn tatsächlich müssen sich die Elektronen nach der Injektion durch Hüpftransport entfernen, wegen ihrer geringen Mobilität entsteht eine Raumladung nahe des Kontakts, die eine abstoßende Wirkung hat. Dazu kommt die nicht (immer) zu vernachlässigende Wahrscheinlichkeit, dass schon injizierte Elektronen wieder zurück in den Kontakt fallen. Dieser Effekt wird im Scott-Malliaras-Ansatz speziell berücksichtigt (siehe unten).

## Feldemission

Auch in der beschriebenen Analogie des freien Teilchens im Potentialkasten ist die Gleichung (2.13) nur bei kleinen elektrischen Feldern gültig. Andernfalls wird der Potentialverlauf so stark durch das elektrische Feld beeinflusst, dass eine dreieckförmige Potentialbarriere mit geringer räumlicher Breite entsteht (Abbildung 2.13 rechts), die aufgrund des quantenmechanischen Tunneleffekts überwunden werden kann. Dieser als Feldemission oder als Fowler-Nordheim-Effekt bekannte Prozess dominiert bei großem elektrischen Feld. Die Tunnelstromdichte $J_{FN}(E)$ lässt sich mit $C = 4\pi\sqrt{2m_e}/h$ abschätzen durch:

$$J_{FN}(E) = \frac{4\pi e^3 m_e}{C^2 \Phi_{e,h}} E^2 \exp\left(-\frac{2C\sqrt{\Phi_{e,h}^3}}{3eE}\right).$$  (2.14)

Die Grundannahme des freien Teilchens gilt auch hier, die oben beschriebenen Probleme fallen wegen der größeren Feldstärke und der damit verbundenen größeren Driftgeschwindigkeit allerdings weniger ins Gewicht. Das Feldemissionsmodell wurde in dieser Arbeit bei den in Abschnitt 6.2 beschriebenen Simulationen zur Berechnung des Injektionsstroms bei großen Feldern herangezogen.

### Scott-Malliaras-Injektionsmodell

Das 1999 vorgestellte [36] Scott-Malliaras-Modell der Ladungsträgerinjektion berücksichtigt die spezifischen Eigenschaften des organischen Halbleiters. Das Überwinden der Barriere wird als Hüpfprozess in Anwesenheit eines elektrischen Feldes und unter Berücksichtigung des mit dem Ladungsträger assoziierten Coulomb-Potentials beschrieben. Das schon erwähnte Zurückfließen in den Kontakt wird als Rekombinationsprozess des Ladungsträgers mit seiner Bildladung aufgefasst. Es ergibt sich folgende Gleichung zur Berechnung der Injektionsstromdichte $J_{SM}(E)$

$$J_{SM}(E) = 4\Psi^2(E) \cdot N_0 eE\mu_{e,h} \exp\left(-\frac{\Phi_{e,h}}{k_B T}\sqrt{f}\right), \text{ mit}$$  (2.15a)

$$\Psi(E) = \frac{1}{f(E)} + \sqrt{\frac{1}{f(E)}} - \frac{\sqrt{1 + 2\sqrt{f(E)}}}{f(E)}$$  (2.15b)

$$f(E) = \frac{eEa_c}{k_B T}.$$  (2.15c)

Hier kommen der Bohr-Radius des Ladungs-Bildladungs-Systems $a_c$ und die räumliche Dichte der konjugierten Molekülabschnitte $N_0$ zu den schon erwähnten Größen hinzu. Die Scott-Malliaras-Stromstärke wird bei kleinen Feldstärken ebenfalls für die Simulation in Abschnitt 6.2 verwendet.

## 2.5 Optische Filmwellenleiter

Filmwellenleiter haben eine große Bedeutung in der organischen Optoelektronik, da Dünnschichtbauelemente oft eine erwünschte oder auch unerwünschte Wellenleiterfunktionalität haben. Das trifft auch auf die in den Kapiteln 5.2 und 6 beschriebenen

Strukturen zu, die Charakterisierung der Wellenleitereigenschaften mit Hilfe eines eigens aufgebauten Messplatzes ist daher ein wichtiger Bestandteil der vorliegenden Arbeit.

## 2.5.1 Dreischicht-Filmwellenleiter

Die einfachste Form eines planaren Wellenleiters ist der Dreischichtwellenleiter, seine Struktur ist in Abbildung 2.14 dargestellt. Diese besteht aus einer Schichtfolge dreier unterschiedlicher Materialien mit unterschiedlichen Brechungsindizes $n_1, n_2, n_3$. Die folgende Betrachtung zeigt, dass sich in der Filmebene Licht in Form von diskreten optischen Moden ausbreiten kann, die ein charakteristisches Feld- und Intensitätsprofil haben. Man spricht von geführten Moden, da das Licht den Wellenleiter nicht verlassen kann (sofern dieser unendlich ausgedehnt ist).

Zur Berechnung der Moden wird von einer Schichtfolge aus homogenen Materialien ohne Verluste (der Brechungsindex ist reell) und ohne freie Raumladungen ausgegangen. Unter diesen Annahmen sind die Lösungen der Maxwell-Gleichungen ebene Wellen, mit

$$\vec{E}(\vec{r},t) = \vec{E}_0 \exp\left(i(\vec{k}\vec{r} - \omega t)\right), \tag{2.16}$$

die jeweils innerhalb der drei Bereiche der Helmholtz-Gleichung (2.17) genügen

$$\left[\nabla^2 + k^2(\vec{r})\right]\vec{E}(\vec{r}) = 0. \tag{2.17}$$

Dabei ist $\vec{k}$ der Wellenvektor, dessen Betragsquadrat gegeben ist durch

$$k^2(\vec{r}) = \left(\frac{\omega}{c}n(\vec{r})\right)^2. \tag{2.18}$$

Die restlichen Größen sind der elektrische Feldvektor $\vec{E}(\vec{r},t)$, die elektrische Feldamplitude $\vec{E}_0$, der Ortsvektor $\vec{r}$, der Brechungsindex $n(\vec{r})$, die Kreisfrequenz $\omega$ und die

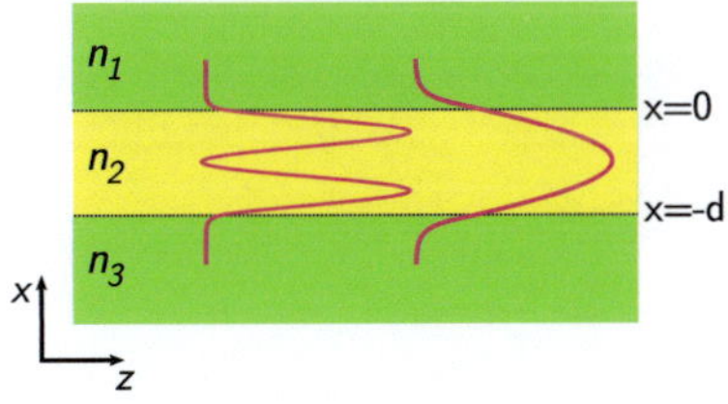


Abbildung 2.14:
  Filmwellenleiter-Schichtstruktur. Die Brechzahl der führenden Schicht (gelb) $n_2$ übersteigt die der beiden grünen Schichten ($n_1$ und $n_3$). Zwei der möglichen optischen Moden $TE_0$ und $TE_2$(rot) sind eingezeichnet.

Lichtgeschwindigkeit $c$. Analoge Gleichungen gelten auch für den magnetischen Feldvektor $\vec{H}(\vec{r}, t)$.

Geführte Moden breiten sich in z-Richtung aus. Daraus ergibt sich ein spezieller Ansatz für die ebenen Wellen:

$$\vec{E}(x, t) = \vec{E}_m(x) \exp\left(i\beta_m z - i\omega t\right), \tag{2.19a}$$

$$\vec{H}(x, t) = \vec{H}_m(x) \exp\left(i\beta_m z - i\omega t\right). \tag{2.19b}$$

Dabei ist $\beta_m$ die z-Komponente des Wellenvektors $\vec{k}$ und wird Ausbreitungskonstante genannt. Da die gesamte Struktur entlang der z-Achse homogen ($n = $ konst) ist, vereinfacht sich Gleichung (2.17):

$$\left[\frac{\partial^2}{\partial x^2} + \left(\frac{\omega}{c}n\right)^2 - \beta_m^2\right] \vec{E}_m(x) = 0. \tag{2.20}$$

Entlang der x-Richtung nimmt der Brechungsindex $n(x)$ unterschiedliche Werte an, aus der Abbildung entnimmt man:

$$n(x) = \begin{cases} n_1, & x > 0 \\ n_2, & -d < x < 0 \\ n_3, & x < -d \end{cases} \tag{2.21}$$

Dabei kann ohne Beschränkung der Allgemeinheit $n_1 \leq n_3 < n_2$ angenommen werden. Die Gesamtlösung der Helmholtzgleichung muss endlich und stetig differenzierbar sein. Aus $\beta_m > \frac{\omega}{c}n_2$ folgt mit Gleichung (2.20)

$$\frac{1}{|\vec{E}_m|} \cdot \frac{\partial}{\partial x^2} \vec{E}_m(x, t) > 0, \quad \text{für alle } x, \tag{2.22}$$

was mit einem in allen drei Bereichen exponentiellen Zusammenhang von $\vec{E}(x, t)$ nicht verträglich ist, denn das Feld würde entweder unendlich groß für $x \to \pm\infty$, oder die Stetigkeitsbedingung würde verletzt . Daher gilt:

$$\frac{\omega}{c}n_3 < \beta_m < \frac{\omega}{c}n_2. \tag{2.23}$$

Man unterscheidet nach der relativen Ausrichtung des elektrischen Feldvektors zu Filmebene zwei Polarisierungen. Von TM-Moden spricht man, wenn der magnetische Feldvektor innerhalb der Filmebene liegt. Der elektrische Feldvektor ist dann parallel zur x-Achse (s. Abbildung 2.14). Im Folgenden werden TE-Moden diskutiert, d. h. der Feldamplitudenvektor steht senkrecht auf der xz-Ebene (s. Abbildung 2.14).

## TE-Moden

Da es sich um geführte Moden handelt, klingt das elektrische Feld in den äußeren Bereichen $x > 0$ und $x < -d$ exponentiell ab. Innerhalb des Films $(-d < x < 0)$ oszilliert das Feld, sonst wäre die Stetigkeitsbedingung nicht zu erfüllen. Der elektrische Feldvektor ist parallel zur y-Achse ausgerichtet, aus den beschriebenen Randbedingungen folgt für die y-Komponente $E_m^y(x)$ der Ansatz:

$$E_m^y(x) = \begin{cases} C \exp(-qx), & 0 \leq x, \\ C \left[\cos(hx) - \frac{q}{h}\sin(hx)\right], & -d \leq x \leq 0, \\ C \left[\cos(hd) - \frac{q}{h}\sin(hd)\right] \exp(p(x+d)), & x \leq -d, \end{cases} \tag{2.24}$$

Durch Einsetzen in Gleichung (2.20) erhält man:

$$h = \sqrt{n_2^2 \left(\frac{\omega}{c}\right)^2 - \beta_m^2}, \tag{2.25a}$$

$$p = \sqrt{\beta_m^2 - n_3^2 \left(\frac{\omega}{c}\right)^2}, \tag{2.25b}$$

$$q = \sqrt{\beta_m^2 - n_1^2 \left(\frac{\omega}{c}\right)^2}. \tag{2.25c}$$

Der Ansatz in Gleichung (2.24) wurde so gewählt, dass $E_m^y(x)$ stetig differenzierbar an der Stelle $x = 0$ und stetig an der Stelle $x = -d$ ist. Aus der geforderten Differenzierbarkeit von $E_m^y(x)$ an der Stelle $x = -d$ ergibt sich nach einiger Rechnung:

$$\tan(hd) = \frac{p + q}{h(1 - pqh^{-2})}. \tag{2.26}$$

Die Bedingung(2.26) ist eine transzendente Gleichung der Variablen $\beta_m$. Sie ist nicht analytisch, sondern nur numerisch bzw. grafisch lösbar (siehe Abbildung 2.15). Sie wird auch charakteristische Gleichung oder Eigenwertgleichung genannt. Wegen der Periodizität der Tangens-Funktion existieren mehrere Lösungen, deren Anzahl von der Bedingung (2.23) festgelegt ist. Die Größe $n_m^{eff} = \frac{c}{\omega}\beta_m$ wird effektiver Brechungsindex der mit $m$ bezeichneten Mode genannt.

In Abbildung 2.14 sind zwei Moden $TE_m$ ($m = 0$ und $m = 2$) eingezeichnet. Je dicker die führende Schicht, also je größer $d$ bei gegebener Wellenlänge ist, desto mehr geführte Moden existieren. Die Zahl M der ausbreitungsfähigen TE-Moden ist [37]

$$M = \frac{2d}{\lambda}\sqrt{n_2^2 - n_3^2}. \tag{2.27}$$

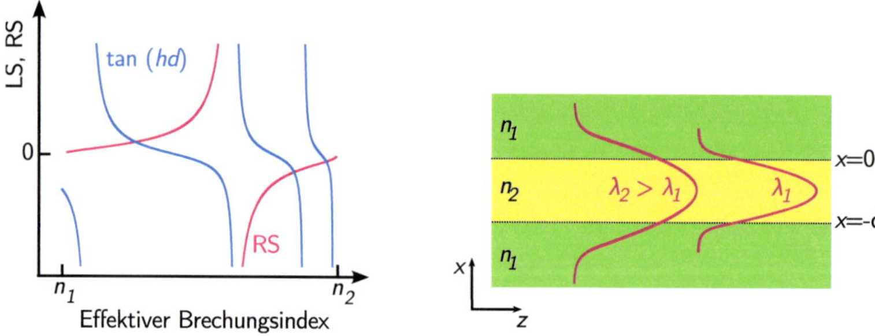


Abbildung 2.15:

Symmetrischer Filmwellenleiter. Links: Grafische Lösung der charakteristischen Gleichung (2.26). Aufgetragen sind LS $= \tan(hd)$ und RS $= (p+q)/(h(1-pqh^{-2}))$. Rechts: Wellenlängenabhängigkeit des Modenprofils (hier der Grundmode). Nimmt die Wellenlänge zu, wird ein steigender Anteil der Intensität außerhalb der mittleren Schicht geführt. Der effektive Brechungsindex nähert sich $n_1$.

Die obere Grenzwellenlänge $\lambda_G$ berechnet sich nach

$$\frac{2\pi d}{\lambda_G}\sqrt{n_2^2 - n_3^2} = \arctan\sqrt{\frac{n_3^2 - n_1^2}{n_2^2 - n_3^2}}. \tag{2.28}$$

Beim symmetrischen Wellenleiter ($n_1 = n_3$) existiert für jede Wellenlänge eine ausbreitungsfähige Mode. In diesem Fall nimmt die Führung mit steigender Wellenlänge ab, das bedeutet der innerhalb der führenden Schicht lokalisierte Anteil an der Gesamtintensität der Mode nimmt bei zunehmender Wellenlänge ab (siehe Abbildung 2.15 rechts). Die grafische Lösung von Gleichung (2.26) ist in der linken Teilabbildung 2.15 dargestellt.

Die Berechnung der TM-Moden erfolgt analog, wegen der dann komplizierteren Randbedingungen ist sie deutlich aufwändiger. Bei symmetrischen Wellenleitern stimmen die Grenzwellenlängen für beide Polarisationen überein, bei asymmetrischen ist die TM-Grenzwellenlänge kleiner [38].

## 2.6 Organische Laser

Grundlage eines Lasers sind zwei Komponenten: Ein optisch verstärkendes Medium und ein Resonator, um positive Rückkopplung zu realisieren. Die optische Verstärkung setzt als physikalischen Prozess die stimulierte Emission voraus. Damit ein Medium verstärkend wirkt, muss die stimulierte Emission als Ereignis wahrscheinlicher sein als die Absorption. Dies ist dann der Fall, wenn die Zahl der besetzten angeregten

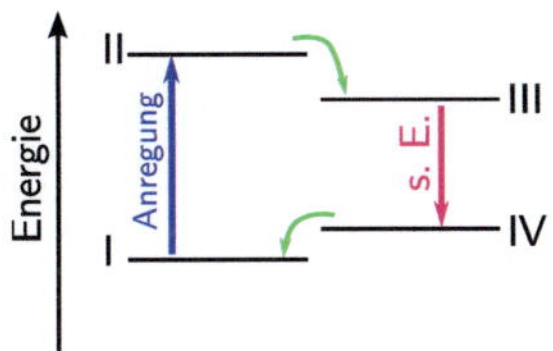


Abbildung 2.16:
Energieschema des Vier-Niveau-Systems. Die Anregung erfolgt vom Grundniveau I auf das Zwischenniveau II. Der Übergang II→III hat eine deutlich kürzere Lebensdauer als II→I oder III→IV. Auch der Übergang IV→I hat eine kurze Lebensdauer. Daher ist eine Besetzungsinversion der Niveaus III und IV leicht zu erreichen, denn das Niveau IV wird rasch entleert und das Niveau III wird über II effizient angeregt. Die stimulierte Emission (s. E.) findet am langlebigen Übergang III→IV statt.

Zustände die der besetzten Grundzustände übersteigt, d. h. wenn Besetzungsinversion vorliegt.

Vorhandene Verluste müssen durch die Verstärkung des Systems kompensiert werden, diese Bedingung ergibt die Laserschwelle. Darunter versteht man die Anregungsleistung $G_{th}$, die zum Erreichen der optischen Verstärkung $g_{th}$ notwendig ist. Die Schwellverstärkung $g_{th}$ kompensiert genau die optischen Verluste des Systems. Die spektral abhängige optische Verstärkung $g(\lambda)$ kann abhängig von der Dichte der besetzten angeregten Zustände $N^*$ mit Hilfe des Wirkungsquerschnitts der stimulierten Emission berechnet werden:

$$g(\lambda) = \sigma_{st}(\lambda)N^*, \tag{2.29a}$$

$$\sigma_{st}(\lambda) = \frac{\lambda^4 \tilde{I}(\lambda)}{8\pi c n^2 \tau_{sp}}. \tag{2.29b}$$

Dabei ist $\lambda$ die Wellenlänge, $\tilde{I}(\lambda)$ das flächennormierte Intensitätsspektrum der spontanen Emission, $n$ der Brechungsindex, $c$ die Lichtgeschwindigkeit und $\tau_{sp}$ die Lebensdauer der spontanen Emission.

In Zwei-Niveau-Systemen kann unter Vernachlässigung kohärenter Effekte keine Besetzungsinversion erreicht werden, da die Absorptionswahrscheinlichkeit des anregenden Photons mit der Besetzungszahl des angeregten Zustands abnimmt. Daher sind mindestens drei Niveaus notwendig. Niedrigere Schwellen erhält man durch ein Vier-Niveau-System, das anhand Abbildung 2.16 erklärt wird. Die Anregung erfolgt durch den Übergang I→II, das Niveau II wird rasch wieder entleert, da die Lebensdauer des Übergangs II→III kurz ist (verglichen mit dem Laserübergang III→IV). Auch die Lebensdauer IV→I ist kurz. Unter diesen Voraussetzungen ist die Anregung effizient, da das Niveau II nie stark besetzt ist. Das Niveau III wird effizient über II

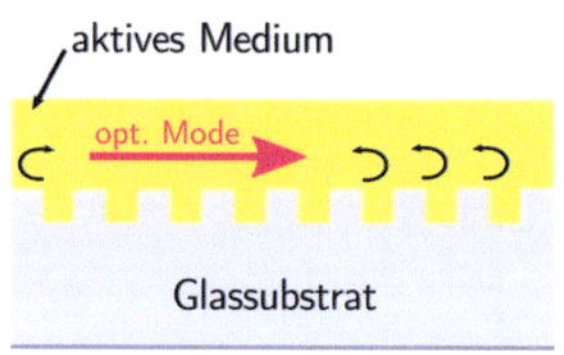


Abbildung 2.17:
DFB-Laserresonator. Durch die Variation der Schichtdicke des aktiven Mediums entstehen periodisch angeordnete Bereiche mit unterschiedlichem effektiven Brechungsindex. An jeder Grenzfläche wird ein Teil der Intensität der propagierenden optischen Mode reflektiert. Die konstruktive Interferenz aller Reflexionen führt zu Resonanz und damit zu einer positiven Rückkopplung.

angeregt und das Niveau IV entleert sich nach erfolgter stimulierter Emission schnell. Daher ist die Besetzungsinversion der Niveaus III und IV leicht zu erreichen. Wegen Gleichung (2.29b) darf die Lebensdauer des Laserübergangs nicht zu groß sein.

Im Prinzip fungieren organische Halbleiter durch die in den optischen Spektren vorhandenen vibronischen Seitenbanden als Vier-Niveau-System (s. Abschnitt 2.1.5). Daneben haben bestimmte Gast-Wirt-Systeme mit Anregung der Gastmoleküle durch Förster-Transfer eine sehr niedrige Laserschwelle. Ein solches System ist in Abschnitt 3.3 beschrieben.

Als Laserresonator für organische Laser kann eine Fabry-Perot-Kavität verwendet werden. Dies ist am ehesten bei oberflächenemittierenden Strukturen möglich, da die Kanten einer Dünnschicht nur schwer verspiegelt werden können. Besonders leicht lassen sich im Falle der organischen Halbleiter aber Resonatoren herstellen, die auf dem Prinzip der verteilten Rückkopplung beruhen. Ausgangspunkt ist eine periodische Brechzahlvariation des Lasermediums. Diese kann beispielsweise durch Strukturierung des Substrats erreicht werden, da der effektive Brechungsindex einer Wellenleitermode von der Schichtdicke abhängt (siehe Abbildung 2.17). Ähnlich wie beim dielektrischen Spiegel wird an jedem Brechzahlsprung ein Teil der laufenden Welle reflektiert. Diese Reflexionen interferieren konstruktiv, wenn die Periodizität des Gitters mit der halben Wellenlänge (oder Vielfachen davon) übereinstimmt. Auf diese Weise kann eine Lasermode definiert werden. Man unterscheidet DFB-Laser (engl. „distributed feedback") bei denen die Rückkopplung räumlich zusammen mit der Verstärkung stattfindet, und DBR-Laser (engl. „distributed Bragg reflector"), bei denen das verstärkte Licht außerhalb des aktiven Bereichs reflektiert wird.

## 2.6.1 Elektrische Anregung

Laser mit organischen Halbleitern als verstärkendes Medium können derzeit nur verwirklicht werden, wenn die Anregungsleistung optisch zugeführt wird. Dafür sind ein

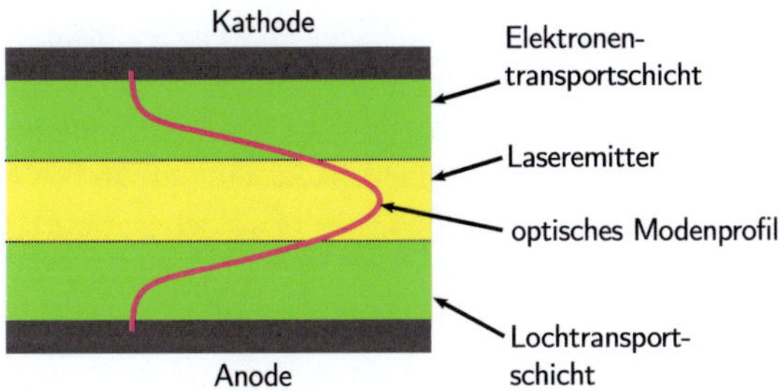


Abbildung 2.18:

Schema einer organischen Laserstruktur. Da die Brechzahlen der drei organischen Schichten (grün, gelb) sich nur wenig unterscheiden, ist die Wellenleitermode (rot) über die drei Schichten ausgedehnt. Die notwendige hohe Ladungsträgerdichte führt zu Absorption.

Laser oder zumindest sehr leistungsstarke Leuchtdioden [39] nötig. Die Realisierung einer organischen Laserdiode, also eines Lasers mit elektrischer Anregung, ist ein wichtiges Forschungsziel.

Bei elektrischer Anregung spielen im Vergleich zur optischen viele zusätzliche Verlustprozesse eine Rolle. Diese können bei den meisten bisher untersuchten Konzepten nicht durch Steigerung der Anregungsleistung kompensiert werden, weil die Verlustleistung überlinear mit der Anregungsleistung zusammenhängt. Eine Laserschwelle existiert somit nicht. Falls eine Bauteilstruktur mit Laserschwelle gefunden wird, gehen Schätzungen davon aus, dass Stromdichten im Bereich von mehreren $kA/cm^2$ notwendig sind [5]. Wegen der geringen Leitfähigkeit der organischen Materialien sind solche Stromdichten sehr schwer zu erreichen, ohne dabei die Struktur zu zerstören.

Um zu ermitteln, ob für eine bestimmte Struktur eine Laserschwelle existiert oder nicht, muss der Einfluss von allen möglichen Verlustprozessen quantifiziert und berücksichtigt werden. Durch numerische Simulationen ist dies für bestimmte Geometrien möglich [5]. Im Folgenden werden die wichtigsten Verlustprozesse aufgeführt, ohne jedoch ihre Auswirkungen quantitativ zu betrachten.

### Induzierte Absorption

Unter induzierter Absorption versteht man die durch die Existenz besetzter angeregter Zustände verursachte Absorption. Sie bildet das Gegenstück zur stimulierten Emission.

Zu diesen angeregten Zuständen gehören die Ladungsträger selbst. In Abbildung 2.18 ist schematisch eine einfache Struktur gezeigt. Zu sehen sind die Ladungstransportschichten (grün), die Emitterschicht (gelb), die optische Mode des Filmwellenleiters (rot) und die Metallelektroden. Zur effizienten Injektion und zur Minimierung des räumlichen Überlapps der Wellenleitermode mit den Elektroden dienen die Ladungstransportschichten, die demnach nicht zu dünn sein dürfen.

Die Leitfähigkeit der Transportschichten liegt einige Größenordnungen über der des Emitters, ist allerdings in Anbetracht der zu tragenden Stromdichte immer noch sehr klein. Bei geringer Ladungsträgerbeweglichkeit ist eine große Stromdichte nur durch eine große Ladungsträgerdichte möglich. Diese bietet aber die Möglichkeit optischer Übergänge, da ein Polaron durch Absorption eines Photons in einen höheren Zustand gebracht werden kann. Dieser als Polaronenabsorption bezeichnete Effekt schwächt die Intensität der optischen Mode.

Ein zweiter induzierter Absorptionsprozess wird durch Triplett-Exzitonen verursacht. Diese entstehen bei jedem Langevin-Prozess mit einer Wahrscheinlichkeit von 75% (siehe Abschnitt 2.1.5). Ihre lange Lebensdauer führt zu Akkumulation der Triplett-Exzitonen, ihre Dichte wird also relativ zu den strahlend zerfallenden Singulett-Exzitonen noch zusätzlich erhöht. Sie können auch durch Interkombination entstehen, deshalb verhindert der Akkumulationseffekt selbst bei optisch angeregten Lasern einen Dauerstrichbetrieb [40,41]. Auch Triplett-Exzitonen können durch erlaubte optische Übergänge angeregt werden, tragen also durch Absorption zur Dämpfung der optischen Mode bei.

### Bimolekulare Annihilation

Darunter versteht man die Wechselwirkung zweier Quasiteilchen, die zur Vernichtung eines der beiden führt. Die Reaktionswahrscheinlichkeit ist proportional zum Produkt der Dichten der beteiligten Teilchen. Die wichtigsten Prozesse sind:

Singulett-Singulett-Annihilation: Dieser Prozess beschreibt die Wechselwirkung zweier Singulett-Exzitonen, dabei wird eines davon unter Energieübertragung vernichtet. Es bleibt ein höher angeregtes Singulett- oder Triplett-Exziton zurück.

Singulett-Polaron-Annihilation: Bei dieser Wechselwirkung gibt ein Singulett-Exziton seine Energie an ein Polaron ab, welches dadurch angeregt wird. Durch interne Konversion wird die beim Exziton-Zerfall freiwerdende Energie in Wärme umgewandelt. Es handelt sich um einen Auger-ähnlichen Prozess.

Singulett-Triplett-Annihilation: Hier gibt ein Singulett-Exziton seine Energie an ein Triplett-Exziton ab und regt es dadurch in einen höheren Zustand an. Im Anschluss relaxiert es wieder in den niedrigsten Triplett-Zustand.

Triplett-Polaron-Annihilation: Bei dieser Wechselwirkung wird ein Triplett-Exziton vernichtet und es bleibt ein angeregtes, aber rasch relaxierendes Polaron zurück.

Triplett-Triplett-Annihilation: Dies ist eigentlich kein Verlustprozess, denn durch die Wechselwirkung zweier Triplett-Exzitonen kann entweder ein angeregtes Singulett- oder Triplett-Exziton zurückbleiben.

Feldinduzierte Dissoziation: Sie ist kein bimolekularer Prozess, da nur ein Teilchen
beteiligt ist. Die geringe Leitfähigkeit organischer Materialien bedingt ein ho-
hes elektrisches Feld im Bauteil unter Betriebsbedingungen. Dieses wirkt der
Coulomb-Anziehung der beiden Ladungsträger im Exziton-System entgegen.
Die Ladungsträger werden getrennt, falls die zugeführte Energie die Bindungsenergie übersteigt. In diesem Fall wird das Exziton vernichtet.

**Fazit**

Die elektrische Anregung bedingt eine Reihe von Verlustprozessen, die eine Besetzungsinversion verhindern und zu starker Absorption führen. Im Gegensatz zur optischen Anregung können die Verluste nicht durch höhere Anregungsleistung kompensiert werden, weil die Wirkungsquerschnitte dann wenigstens teilweise überlinear
ansteigen.

Natürlich beziehen sich alle Simulationen nur auf bestimmte Geometrien, so dass
alternative Konzepte denkbar sind, die zum Erfolg führen. Dazu gehört die $TE_2$-
Struktur [42], die durch ein entsprechendes Modenprofil dünne Transportschichten
ermöglicht, da die Elektroden in ein Minimum der Intensität der geführten Mode
gelegt werden. Allerdings konnte auch mit einem solchen Ansatz bisher keine Lasertätigkeit unter elektrischer Anregung gezeigt werden.

# 2.7 Random Lasing

Mit dem 1994 eingeführten [43] Begriff Random Lasing („zufällige Lasertätigkeit")
ist die Emission von Laserlicht aus einem verstärkenden Medium gemeint, ohne dass
ein Resonator in dem System offensichtlich vorhanden wäre. Vielmehr bilden sich die
Resonanzen durch zufällig verteilte Brechzahlvariationen des Materials oder durch
andere Streuprozesse.

Die Lichtemission aus ungeordneten und streuenden aktiven Medien wurde 1968
erstmalig beschrieben [44] und wird seither in der Literatur intensiv [43, 45–60] und
seit der Beobachtung des Effekts in schwach streuenden Systemen [61] auch kontrovers
[43, 62] diskutiert. Die Kontroverse bezog sich dabei sowohl auf die exakte Definition
[63] als auch auf die zu Grunde liegenden physikalischen Prozesse [60], inzwischen
besteht aber Konsens [64, 65], was die meisten dieser Fragen betrifft.

Zunächst wichtig ist die Abgrenzung zur verstärkten spontanen Emission (engl.
„amplified spontaneous emission", ASE), die ebenfalls durch einen relativ starken
Abfall der spektralen Bandbreite, sowie durch ein – wenn auch eher schwach ausgeprägtes – Schwellverhalten gekennzeichnet sein kann [66, 67]. Die verstärkte spontane
Emission wird in der Literatur auch manchmal als „spiegellose Lasertätigkeit" (engl.
„mirrorless lasing") bezeichnet, was im Zusammenhang mit Random Lasing aber irre-
führt, da der Resonator in beiden Fällen fehlt. Bei der verstärkten spontanen Emission sind allerdings nicht alle Kriterien für Lasertätigkeit (insbesondere die Kohärenz)

notwendigerweise erfüllt [63].

Letztlich entscheidend ist das Vorhandensein einer oder mehrerer optischer Moden, die die Eigenschaften des emittierten Lichts bestimmen. Die in diesen Moden resonant stattfindende stimulierte Emission reduziert die Dichte der angeregten Zustände soweit, dass die Intensität der Mode nicht weiter ansteigen kann, die Verstärkung also verschwindet. Dieser als Verstärkungssättigung bezeichnete Effekt unterdrückt andere, spontan ablaufende Prozesse und erzeugt im Spektrum die geringe Bandbreite. Natürlich können mehrere Moden in Konkurrenz zueinander stehen und daher im zeitintegrierten Spektrum gleichzeitig zu sehen sein, oder räumlich voneinander getrennt tatsächlich gleichzeitig vorhanden sein. Durch zeitaufgelöste Spektroskopie lässt sich unter Umständen ein chaotisches Verhalten nachweisen [66]. Die durch die optische Mode hervorgerufene Verstärkungssättigung sorgt außerdem für die Kohärenz zweiter Ordnung des emittierten Lichts, was bedeutet, dass Fluktuationen der Intensität unterdrückt werden. Dies ist eine exklusive Lasereigenschaft, im Gegensatz dazu ist Kohärenz erster Ordnung (definierte Phasenbeziehung des elektrischen Felds der Wellenzüge) mit geringer spektraler Bandbreite verknüpft und lässt sich auch anderweitig erreichen (z. B. Bandpassfilter, verstärkte spontane Emission).

Da die Kohärenz zweiter Ordnung (bei ausreichend hoher Verstärkung) durch die optische Mode sichergestellt wird, ist eine kohärente Rückkopplung keine notwendige Voraussetzung für Random Lasing [63]. Nachweisen lässt sich die Kohärenz zweiter Ordnung u. a. über die Photonenstatistik, diese weist bei Laserlicht eine Poisson-Verteilung, bei thermischen Lichtquellen die normale Bose-Einstein-Verteilung auf. Für Random-Lasing-Moden im streuenden Medium wurde eine Poisson-Verteilung der emittierten Photonen im theoretischen Modell vorhergesagt [68] und experimentell gezeigt [69].

Die umfassende theoretische Beschreibung der zufällig zu Stande kommenden Lasermoden bereitet einige Schwierigkeiten und ist Gegenstand aktueller Forschung [60, 65, 70]. Da die Streuung ein elastischer Prozess ist[2], spielen bei allen Arten von Random Lasing Interferenzeffekte grundsätzlich eine Rolle [63].

Nach dem experimentellen Nachweis von Random Lasing in pulverisierten Halbleitern [45, 71] und in mit Streupartikeln versetzten Laserfarbstoffen [72] nahm man einen hohen Streuquerschnitt als Voraussetzung für die Ausbildung von Lasermoden an [73, 74]; charakterisiert wird das Regime der starken Streuung durch das Ioffe-Regel-Kriterium $k l_{Str} < 1$, dabei ist $k$ der Betrag des Wellenvektors und $l_{Str}$ die mittlere freie Weglänge zwischen zwei Streuereignissen. In diesem Bereich lassen sich lokalisierte Moden analog der Anderson-Lokalisation von Elektronen in ungeordneten Halbleitern nachweisen [48]. Modellrechnungen in ein- und zweidimensionalen Systemen sagen Lasereffekte für diesen Bereich vorher [75, 76]. Anschaulich bedeutet das

---

[2]Trifft ein Laserstrahl auf ein stark streuendes Material, etwa Papier, beobachtet man einen typischen Interferenzeffekt, der in der Literatur „Speckle" genannt wird. Die Kohärenz bleibt also auch nach der Streuung erhalten.

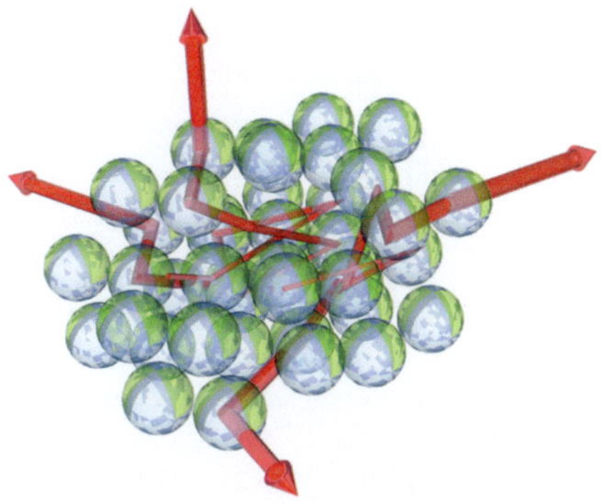

Abbildung 2.19:
Modell eines Random-Lasers. Dargestellt sind Mikrokügelchen gefüllt mit einem
aktiven Material. Durch Mehrfachstreuung entstehen bei optischer Anregung zufällige optische Moden, die durch das aktive Material verstärkt werden [63].

Ioffe-Regel-Kriterium, dass der zwischen zwei Streuereignissen liegende Weg kleiner
ist als die Wellenlänge des gestreuten Lichts. Dreidimensionale Systeme mit solchen
Streuquerschnitten sind sehr viel schwerer zu realisieren [77] als solche mit niedrigerer
Dimensionalität.

Allerdings wurde Random Lasing auch bei Systemen mit wesentlich größeren mittleren freien Weglängen beobachtet, etwa bei Streupartikeln in gelöstem Laserfarbstoff ($k_{Str}l = 35\ldots5800$) [53] und bei konjugierten Polymeren (DOOPPV mit $l_{Str} \approx$
$15\,\mu$m) [78]. In diesem Bereich sind keine Lokalisierungseffekte zu erwarten, daher
müssen die optischen Moden anderen Ursprungs sein. Rechnungen an zweidimensionalen Modellsystemen zeigen, dass räumlich zufällig verteilte Brechzahlvariationen
als Wellenleiter mit resonanten Moden fungieren können [79]. Eine solche ausgedehn-
te Mode (engl. „extended mode") kann räumlich über die gesamte Probe verteilt
sein [80] und durch den Überlapp können mehrere dieser Moden konkurrieren [81].
Zur Veranschaulichung ist in Abbildung 2.19 ein Modellsystem dargestellt. Durch
räumlich aufgelöste Photolumineszenzexperimente lässt sich auch die Koexistenz von
ausgedehnten und lokalisierten Moden nachweisen [64], letztere weisen dabei wie erwartet [80] eine höhere Güte auf.

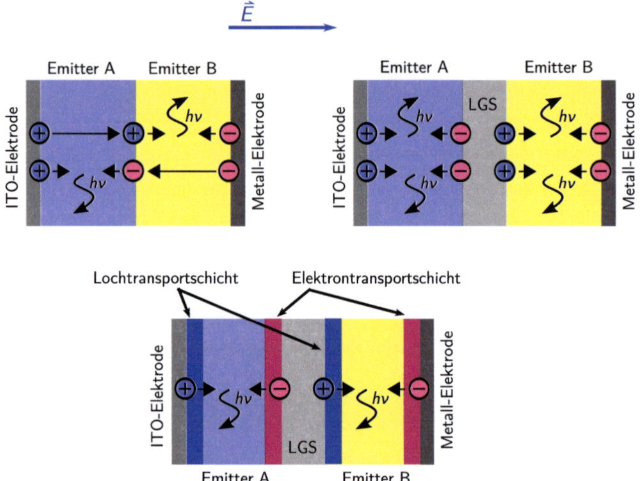


Abbildung 2.20:
  Oben links: Tandem-OLED mit zwei Emitterschichten (gelb und blau), die nicht
  durch eine Ladungsträgergenerationsschicht (LGS) verbunden sind. Jedes injizier-
  te Ladungsträgerpaar erzeugt maximal ein Exziton und damit ein Photon ($h\nu$).
  Oben rechts: Tandem-OLED mit LGS. Hier können zwei Exzitonen pro injiziertem
  Ladungsträgerpaar entstehen. Unten: Tandem-OLED, die aus zwei komplexeren
  Einzelstrukturen zusammengesetzt ist.

## 2.8 Feldinduzierte Ladungsträgergeneration

Die Erzeugung von Ladungsträgern innerhalb eines Bauteils ist eine Vorraussetzung
für die Verwirklichung hocheffizienter komplexer Bauteilstrukturen. Am häufigsten
werden Ladungsträgergenerationsschichten (LGS)[3] in OLED mit mehr als einem
Emitter eingesetzt. Insbesondere weiße Leuchtdioden lassen sich nur durch Kombination mehrerer Materialien verwirklichen. Zwar gelingt es auch ohne LGS, funktions-
fähige weiße OLED mit hoher Effizienz zu realisieren [7], prinzipiell profitieren aber
Tandem-OLED von der internen Ladungsträgergeneration durch LGS [6,82–84]. Eng
mit diesen verwandt sind die Verbindungsschichten organischer Solarzellen [85,86].

### 2.8.1 Tandem-OLED

Das Prinzip einer Doppelemitter-OLED (Tandem-OLED) wird anhand der Abbildung
2.20 (oben) deutlich. Links zeigt sie eine einfache Struktur mit zwei Emitterschichten

---

[3]In der englischen Literatur ist die Abkürzung CGL gebräuchlich, sie steht für „charge generation
layer".

(Emitter A und Emitter B). Der Richtung des elektrischen Felds $\vec{E}$ entsprechend, werden von der ITO-Elektrode Löcher in den Emitter A und von der Metallelektrode Elektronen in den Emitter B injiziert. Das Bauelement funktioniert ohne interne Ladungsträgergeneration.

Die in der rechten Teilabbildung gezeigte Struktur unterscheidet sich nur durch die zusätzliche Ladungsträgergenerationsschicht. Während bei der einfachen Struktur nur ein Rekombinationsereignis pro injiziertem Ladungsträgerpaar möglich ist, sind es bei dem linken Bauelement durch die interne Erzeugung zwei.

Neben diesem wesentlichen Merkmal hat die interne Generation weitere Vorteile. Grundsätzlich erreicht man deutlich günstigere OLED-Eigenschaften, wenn man zu dem Emitter weitere Schichten hinzufügt, insbesondere Ladungstransportschichten. Diese werden (bei OLED mit einem Emitter) zwischen Elektroden und Emitter eingebracht. Sie zeichnen sich durch eine hohe Leitfähigkeit der jeweiligen Ladungsträgersorte aus und sind deshalb oft dotiert. Daher steigt die Injektionseffizienz (siehe Abschnitt 2.4.1). Außerdem sorgen sie für eine räumliche Trennung des Emitters und der Elektroden, was die Verluste durch nichtstrahlende Rekombination an der Elektrodengrenzfläche minimiert. Zusätzlich kann man ein Transportmaterial so wählen, dass die Beweglichkeit der entgegengesetzten Ladungsträgersorte gering ist. Dadurch wird verhindert, dass Elektronen die Anode und Löcher die Kathode erreichen, denn dann könnten sie nicht zur Lichterzeugung beitragen. So können die Schichtdicken der oft schlecht leitfähigen Emitter dünn gewählt werden.

Um diese Vorteile auch bei Tandem-OLED nutzen zu können, ist die Ladungsträgergenerationsschicht notwendig. Eine Struktur ist in Abbildung 2.20 unten gezeigt. Es werden wieder Löcher von der ITO-Elektrode und Elektronen vom Metall aus injiziert. Aus den eben beschriebenen Gründen sind die Lochtransportschichten kaum elektronen- und die Elektronentransportschichten kaum löcherleitfähig.

Die Kombination der beiden optimierten OLED zu einer Tandem-Struktur wird durch die Ladungsträgergenerationsschicht ermöglicht [87, 88]. Die erhöhte Effizienz wurde durch viele Arbeiten experimentell bestätigt [87, 89–91].

## 2.8.2 Ladungsträgergeneration durch dotierte Schichten

Es finden sich unterschiedliche Konzepte für die Realisierung einer LGS. Diese lassen sich grob in zwei Gruppen unterteilen: Erstens das Einbringen leitfähiger Materialien und zweitens die Verwendung dotierter Schichten. Letztere werden zunächst vorgestellt.

Ein solches System ist dem PN-Übergang bei anorganischen Halbleitern ähnlich. Das trifft auch auf das Prinzip der Ladungsträgererzeugung durch den Tunneleffekt zu, der neben dem Lawineneffekt zum Durchbruchstrom einer Zenerdiode beiträgt.

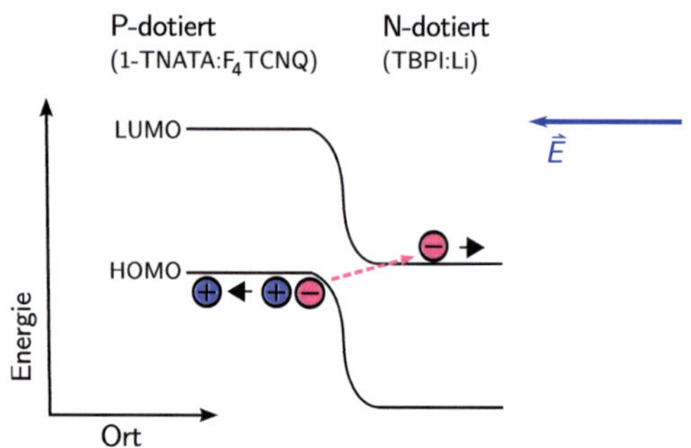


Abbildung 2.21:
Prinzip der Ladungsträgererzeugung am organischen PN-Übergang. Die Struktur ist in Sperrrichtung vorgespannt. Das Ladungsträgerpaar entsteht durch das Tunneln eines Elektrons vom HOMO- in das LUMO-Niveau [84].

In Abbildung 2.21 ist das Banddiagramm eines organischen PN-Übergangs dargestellt. Gezeigt ist das System aus dem mit $F_4$TCNQ[4] p-dotiertem Lochleiter 1-TNATA[5] und dem Elektronenleiter TPBI[6], der mit Lithium n-dotiert wurde. Diese Materialien gehören der Klasse der kleinen Moleküle an, die Struktur kann durch thermisches Aufdampfen hergestellt werden. In der Abbildung ist der Übergang bei in Sperrrichtung angelegter Spannung gezeigt. Durch Dotierung kann auch bei organischen Halbleitern eine starke Bandverbiegung erreicht werden. Die geringe Energiedifferenz der HOMO-Niveaus im P-Bereich zu dem LUMO-Niveau im N-Bereich ermöglicht durch thermisch assistiertes Tunneln den Übergang eines Elektrons aus dem HOMO des P-Halbleiters in das LUMO der N-Zone. Damit ist ein Ladungsträgerpaar entstanden.

Ähnliche PN-Übergänge lassen sich auch mit anderen Materialien herstellen, als N-Dotand wird häufig ein Alkalimetall verwendet, als P-Halbleiter kommen auch bestimmte Metalloxide in Betracht (Vanadiumoxid [92], Molybdänoxid [93], Wolframoxid [94] u. a.).

Dieser Typ von Ladungsträgergenerationsschicht eignet sich nicht für Bauelemente mit konjugierten Polymeren, da er sich nicht mit einem lösungsmittel-basierten Prozess herstellen lässt.

---

[4]$F_4$TCNQ: 2,3,5,6-Tetrafluoro-7,7,8,8-Tetracyanoquinodimethan.
[5]1-TNATA: 4,4',4"-Tris(N-1-Naphtyl-N-phenylamino)-Triphenylamin.
[6]TPBI: 1,3,5-Tri(Phenyl-2-Benzimidazol)-Benzen.

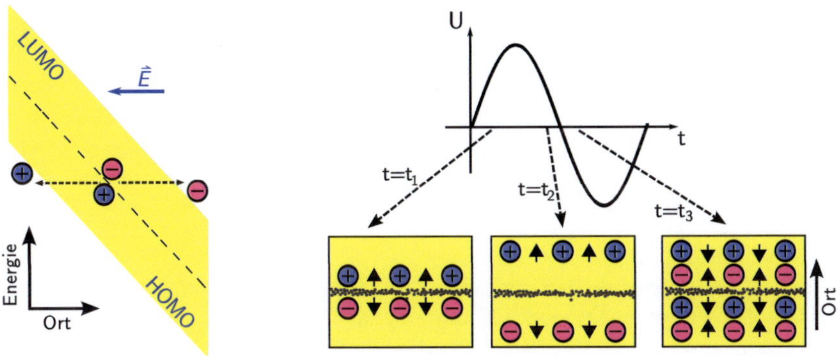

Abbildung 2.22:

Prinzip der Ladungsträgergeneration durch Nanopartikel. Links: Energie-Ort-Diagramm bei anliegendem elektrischen Feld $\vec{E}$. Durch die Nanopartikel entstehen in der Mitte der Bandlücke lokalisierte Zustände. Analog der Feldemission können Ladungsträgerpaare in die Bandzustände gelangen. Rechts: Kapazitiv angeregte Elektrolumineszenz. Durch das Wechselfeld werden beide Ladungsträgersorten abwechselnd injiziert. Wegen der gegenläufigen Drift-Richtung kommt es zu Langevin-Rekombination und schließlich zu Lumineszenz.

## 2.8.3 Kapazitiv angeregte Elektrolumineszenz

### Ladungsträgergeneration in Polymer-Bauelementen

Es gibt aber noch andere Möglichkeiten zur Erzeugung von Ladungsträgern. Die wichtigste beruht auf in die Struktur eingebrachte leitende Schichten. Das leitende Material muss eine geeignete Austrittsarbeit haben, im Idealfall liegt diese genau zwischen dem HOMO- und dem LUMO-Niveau.

Die Funktionsweise geht aus der linken Teilabbildung 2.22 hervor. Diese zeigt den Potentialverlauf einer sich in einem elektrischen Feld befindenden organischen Schicht. Innerhalb dieser Schicht gibt es Zustände, die durch das leitende Material entstehen. Ähnlich wie bei den dotierten Schichten basiert die Erzeugung von Ladungsträgern auf dem Tunneleffekt. Ist der Verlauf des Potentials hinreichend steil, kann ein Elektron von dem eingebrachten Leiter in das LUMO injiziert werden. Das passiert analog zum Fowler-Nordheim-Injektionsmodell (s. Abschnitt 2.4.1). Da das System völlig symmetrisch ist, kann auf die gleiche Weise ein Loch in das HOMO injiziert werden. Damit ist die Ladungsneutralität gewährleistet.

Wie erwähnt, werden die Zustände innerhalb der Bandlücke durch leitende Materialien erzeugt. Im einfachsten Fall kann dies eine Metallschicht sein, die sich zwischen den Emittern befindet [94]. Natürlich muss diese Metallschicht sehr dünn sein, um Absorptionsverluste zu vermeiden. Daneben sind auch transparente Leiter möglich, etwa ITO. Allerdings ist auf Grund einer möglichen Schädigung die Abscheidung auf einem organischen Halbleiter kritisch.

Das Herstellungsproblem wird durch leitende Nanopartikel umgangen, da diese als Dispersion einfach verarbeitet werden können. Zusätzlich können bei Nanopartikeln Oberflächeneffekte eine Rolle spielen. Durch Messung der vom anliegenden elektrischen Feld abhängigen Kapazität von Strukturen mit LGS lassen sich die erzeugten Ladungsträger nachweisen [92].

**Kapazitive Anregung**

Zentrales Thema dieser Arbeit sind elektrolumineszente Bauelemente, bei denen der Emitter keine direkte elektrische Verbindung zur Spannungsquelle hat und die Anregung kapazitiv erfolgt. Ermöglicht wird dies durch Ladungsträgergenerationsschichten, denn diese benötigen für ihre Funktion nur ein elektrisches Feld, das über elektrisch von der organischen Schicht isolierte Elektroden angelegt werden kann. Schon früher wurden Bauelemente basierend auf konjugierten Polymeren mit einer LGS aus ITO-Nanopartikeln und mit elektrisch isolierten Elektroden demonstriert [95]. Zum Betrieb ist ein elektrisches Wechselfeld erforderlich, das Funktionsprinzip wird anhand der rechten Teilabbildung 2.22 ersichtlich. Zum Zeitpunkt $t = t_1$ liegt ein nach oben gerichtetes Feld an, Ladungsträger werden erzeugt. Dabei driften die Löcher feldgetrieben nach oben, Elektronen nach unten. Nach knapp einer halben Periodendauer $t = t_2$ haben sich die Ladungsträger jeweils weit in die aktive Schicht hineinbewegt. Da die Feldpolarität wechselt, kehrt sich ihre Bewegungsrichtung nun um. Gleichzeitig werden wieder Ladungsträger injiziert, wegen der umgekehrten Feldpolarität ($t = t_3$) sind es jetzt in der oberen Schicht Elektronen, in der unteren Löcher. Es befinden sich in beiden Schichten Ladungsträger beider Polaritäten, die sich vom elektrischen Feld getrieben in entgegengesetzte Richtungen fortbewegen. Nähern sie sich dabei auf Abstände unterhalb des Coulomb-Radius an, entstehen durch Langevin-Rekombination Exzitonen, die wiederum teilweise strahlend zerfallen.

# 3 Eingesetzte Materialien

## 3.1 SuperYellow

Dieses PPV-Derivat eignet sich für effiziente [96–98] OLED von gelber Farbe und wird wohl deshalb kommerziell unter dieser Bezeichnung vertrieben. Es handelt sich um ein Kopolymer, wird also aus unterschiedlichen Monomeren synthetisiert, deren Struktur in Abbildung 3.1 gezeigt ist. Es wurde als Material für die kapazitiv angeregten Strukturen ausgewählt, weil es dafür günstige Eigenschaften hat, insbesondere, was die Ladungsträgermobilitäten und die Lage der HOMO- und LUMO-Niveaus betrifft. Zudem lässt es sich als Lösung in Toluol leicht zu Dünnschichten von guter Qualität verarbeiten. Auch bei kapazitiv angeregten Bauteilen ist die abgestrahlte Intensität relativ hoch.

SuperYellow zeigt keine optische Verstärkung, weshalb es zur Untersuchung des Einflusses der Nanopartikel auf die Wellenleitereigenschaften des Films gut geeignet ist. Als Lasermedium kommt es aber nicht in Frage.

Zusammen mit einem blauen Emitterpolymer können weiße OLED realisiert werden, Voraussetzung dafür ist die Vernetzung der Moleküle, damit eine zweite Polymerschicht mit ähnlichem Lösungsmittel aufgebracht werden kann, ohne die untere SuperYellow-Schicht anzulösen und damit zu zerstören. Sowohl die Vernetzung als auch die weiß emittierende OLED wurden kürzlich demonstriert [7].

## 3.2 MEH-PPV

Dieses konjugierte Homopolymer[1] ist ebenfalls ein PPV-Derivat und im Gegensatz zu SuperYellow zeigt es optische Verstärkung und eignet sich als Lasermedium, was erstmals 1992 mit dem in Lösung befindlichen Material demonstriert wurde [99]. Die Molekülstruktur ist in Abbildung 3.1 gezeichnet.

Liegt das Polymer als Feststoff vor, sind seine optischen Eigenschaften stark mit seiner Morphologie verknüpft. Insbesondere bilden sich abhängig von der Verarbeitung Molekülaggregate, die den dominanten strahlenden Zerfallskanal bilden [100] und die optische Verstärkung unterdrücken können [101]. Die Aggregatbildung lässt sich durch Einbinden des Emitters in eine passive Matrix (Polystyrol) [102] oder

---

[1] Poly[2-Methoxy-5-(2'-Ethyl-Hexyloxy)-1,4-Phenylen-Vinylen]

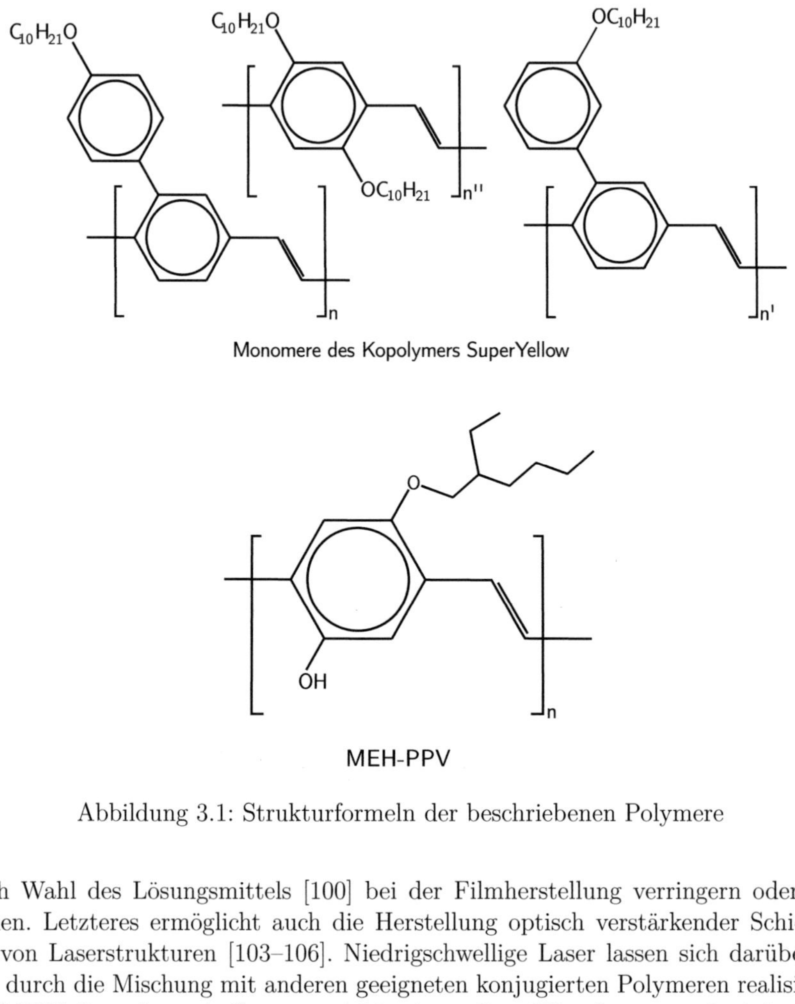

Monomere des Kopolymers SuperYellow

MEH-PPV

Abbildung 3.1: Strukturformeln der beschriebenen Polymere

durch Wahl des Lösungsmittels [100] bei der Filmherstellung verringern oder vermeiden. Letzteres ermöglicht auch die Herstellung optisch verstärkender Schichten und von Laserstrukturen [103–106]. Niedrigschwellige Laser lassen sich darüber hinaus durch die Mischung mit anderen geeigneten konjugierten Polymeren realisieren; MEH-PPV dient dann als Gastmaterial in einem Gast-Wirt-System und wird mittels Förstertransfer von diesem angeregt [41].

Dünnschichten aus MEH-PPV und anderen PPV-Derivaten zeigen eine starke Anisotropie des Brechungsindex, da die Achsen der Molekülketten innerhalb der Filmebene liegen [107, 108], außerdem ist der Brechungsindex im interessanten Spektralbereich stark wellenlängenabhängig [109, 110]. Beides muss bei der Berechnung von Wellenleitermoden berücksichtigt werden.

# 3.3 Das Gast-Wirt-System Alq$_3$:DCM

Bei diesem Materialsystem handelt es sich um ein Gast-Wirt-System, Wirtmaterial ist der Metallchelatkomplex Aluminium-8-Hydroxyquinolin (Synonym: Aluminiumtris(8-Hydroxychinolin), Alq$_3$), Gast der Laserfarbstoff DCM[2]. Die chemische Struktur beider Substanzen ist in Abbildung 3.2 dargestellt.

Der organische Halbleiter Alq$_3$ ist ein Vertreter der Klasse kleine Moleküle. Die Ausdehnung der Konjugation ist stark auf den Liganden[3] konzentriert. Anders als bei konjugierten Polymeren sind daher intermolekulare Kopplungen elektronischer Wellenfunktionen nicht zu erwarten [111].

Alq$_3$ weist eine höhere Leitfähigkeit für Elektronen als für Löcher auf, die Nullfeldmobilitäten sind $\mu_e = 1{,}2 \cdot 10^{-6}\,\mathrm{cm^2/V\,s}$ und $\mu_h = 1{,}2 \cdot 10^{-7}\,\mathrm{cm^2/V\,s}$ [9]. Der Unterschied der Elektronen- zur Lochbeweglichkeit beträgt etwa eine Größenordnung und ist damit vergleichbar mit den oben beschriebenen Polymeren. Im Vergleich zu anderen Halbleitern der Klasse der kleinen Moleküle ist die Asymmetrie der Ladungsträgerbeweglichkeiten bei Alq$_3$ schwach ausgeprägt.

Während Alq$_3$ alleine zumindest bei moderaten Anregungsdichten keine optische Verstärkung zeigt [42], lassen sich durch Farbstoffdotierung mit DCM Laser mit niedriger Schwelle ($3\,\mu\mathrm{Jcm^{-2}}$) [112] herstellen. Bei einem solchen System wird das Gastmaterial dem Wirt in kleiner Konzentration (im Prozentbereich) beigemischt. Man spricht auch von Farbstoffdotierung. Diese darf nicht mit der Dotierung verwechselt werden, die Ladungsträger in einem Halbleiter erzeugt. Im Gegenteil sollen die Transporteigenschaften des Wirtmaterials durch die Farbstoffdotierung möglichst wenig beeinflusst werden. Die optischen Eigenschaften werden dagegen von dem Farbstoff maßgeblich bestimmt. Alq$_3$:DCM ist sehr gut erforscht [113, 114], wird sehr häufig eingesetzt [115] und kann für optisch angeregte Laser als eine Art Referenzsystem betrachtet werden.

Das Konzept der Farbstoffdotierung erlaubt eine sehr gute spektrale Trennung von Absorption und Emission. Alq$_3$ absorbiert bei Wellenlängen unterhalb von 400 nm und emittiert in grüner Farbe, das Maximum der Lumineszenz liegt etwa bei 530 nm. Es besteht ein sehr guter spektraler Überlapp mit dem Absorptionsspektrum des Laserfarbstoffs DCM. Es ergibt sich nach Gleichung (2.8) ein Försterradius von 3,25 nm, was dem Durchmesser von ca. drei Alq$_3$-Molekülen entspricht [116]. Die Folge ist, dass ein System aus Alq$_3$ ab einer Dotierkonzentration von 0.5% (stoffmengebezogen) nur von DCM stammende Emission zeigt. Bei so geringem Farbstoffanteil spielt dessen Absorption keine große Rolle, ein einmal emittiertes Photon kann also nicht durch Reabsorption und anschließendem nichtstrahlendem Zerfall verloren gehen.

Die Materialkombination bildet ein Vier-Niveau-System, bei dem der Laserübergang (Fluoreszenz des DCM) die längste Lebensdauer hat. In der Literatur findet

---

[2] 4-Dicyanmethylen-2-Methyl-6-(p-Dimethylaminostyryl)-4H-Pyran
[3] Eine Komplexverbindung besteht aus einem Zentralatom (hier Aluminium) und den sich daran anlagernden Liganden

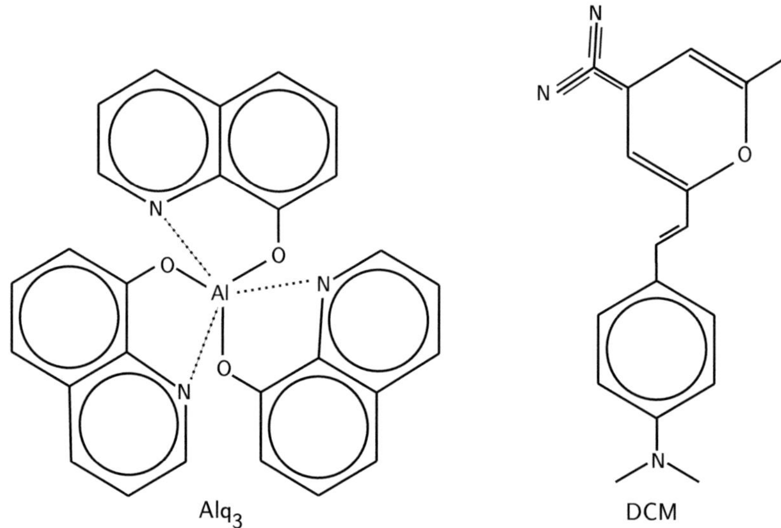


Abbildung 3.2:
Strukturformeln des organischen Halbleiters Alq$_3$ und des Farbstoffs DCM

man Werte zwischen $\tau_{DCM} \approx 0{,}8$ ns [117] und $\tau_{DCM} \approx 5$ ns [112], die beide bei dem System Alq$_3$:DCM gemessen wurden. Die Zeitkonstante des Förstertransfers von Alq$_3$ auf DCM liegt bei $\tau_{F\ddot{o}} = 20$ ps … 2 ns [112] und ist damit kürzer. Deshalb werden die Alq$_3$-Exziton-Zustände rasch entleert und stehen wieder für Absorption zu Verfügung, während sich angeregte DCM-Zustände ansammeln [117]. Auf diese Weise ist eine Besetzungsinversion leicht zu erreichen. Alq$_3$:DCM-Schichten lassen sich durch thermisches Koverdampfen in guter Qualität herstellen.

# 4 Methoden

## 4.1 Probenpräparation

In diesem Abschnitt werden die verwendeten Depositionstechniken vorgestellt. Details zu den Proben von einzelnen Experimenten sind bei der Diskussion ihrer Ergebnisse beschrieben.

Als Substrat diente je nach Anwendung:

- Kommerziell erhältliches Glas

- Einkristallines, mit einer Schicht aus Siliziumdioxid versehenes Silizium

- Mit ITO beschichtetes Glas.

Die Substrate wurden vor der Beschichtung in mehreren Schritten mit Lösungsmitteln im Ultraschallbad gereinigt.

Die im Rahmen dieser Arbeit verwendeten Polymere sind bei Lagerung in Umgebungsluft über lange Zeit stabil. Das ändert sich aber, sobald die organischen Moleküle angeregt werden. Weil eine Oxidation mit der Abgabe eines Elektrons einhergeht und weil die Bindungsenergie angeregter Elektronen reduziert ist, wird eine solche chemische Reaktion dadurch erleichtert. Dieser Degradationsmechanismus wird Photooxidation genannt. Bei Elektrolumineszenzexperimenten wird die Verkapselung durch die nötigen elektrischen Anschlüsse erschwert. Da die Anregungsdichte dabei oft wesentlich geringer ist, können die Bauelemente – je nach Struktur – auch einige Zeit ohne Verkapselung in normaler Umgebungsluft betrieben werden. Ihre Lebensdauer reduziert sich dann jedoch auf wenige Minuten.

### 4.1.1 Flüssigprozessierung

Alle im Rahmen dieser Arbeit verwendeten konjugierten Polymere wurden durch das Lackschleuderverfahren als Dünnschicht abgeschieden. Dazu wurden sie in Lösungsmittel gelöst auf das fixierte Substrat aufgetropft, das dann in Rotation versetzt wurde ($1000\,\text{min}^{-1} \ldots 2000\,\text{min}^{-1}$). Auf diese Weise lassen sich Schichten mit Dicken im Bereich von $50\,\text{nm}$ bis $130\,\text{nm}$ herstellen.

Problematisch ist das Abscheiden zweier Schichten, wenn diese nicht über orthogonale Lösungseigenschaften verfügen. Dies ist bei dem wasserlöslichen p-dotierten Polymer PEDOT:PSS der Fall, welches häufig als Lochleiterschicht in OLED verwendet wird.

## 4.1.2 Aufdampfverfahren

Bei allen Verfahren wird das abzuscheidende Material durch Erhitzen in den gasförmigen Zustand gebracht. Es sublimiert dann auf dem gereinigten Substrat. Alle Aufdampfprozesse erfordern ein Hochvakuum, die mittlere freie Weglänge innerhalb des Rezipienten soll den Abstand der Quelle zum Substrat übersteigen. Der typische Druck liegt unter $1 \cdot 10^{-4}\,\mathrm{Pa}$.

Die Dicke der abgeschiedenen Schicht kann während des Vorgangs mit Hilfe eines Schwingquarzes erfasst werden, der seine Resonanzfrequenz durch die abgeschiedene zusätzliche Masse ändert. Mit diesem Messsignal kann die Aufdampfrate auch über einen elektronischen Regler konstant gehalten werden.

### Thermisches Verdampfen

Das Quellmaterial befindet sich bei diesem Verfahren in einem elektrisch heizbaren Tiegel, der in die Vakuumkammer eingebracht wird. Es eignet sich für viele Metalle und organische Halbleiter der Materialklasse kleine Moleküle. Durch Koverdampfen verschiedener Materialien aus mehreren Quellen können dotierte oder farbstoffdotierte Schichten hergestellt werden. Bei sauerstoffempfindlichen Aufdampfmaterialien – etwa Alkalimetallen oder manchen organischen Stoffen – darf die Aufdampfkammer nach beendetem Prozess nur unter Stickstoffatmosphäre geöffnet werden.

Durch thermisches Verdampfen können mehrere Schichten übereinander aufgebracht werden, nahezu beliebige Schichtfolgen von Metallen und den geeigneten organischen Stoffen sind möglich. Mit Hilfe von Masken können die abgeschiedenen Schichten lateral strukturiert werden.

Aufgrund ihres hohen Schmelzpunkts können nur wenige Dielektrika auf diese Weise abgeschieden werden. Möglich ist es zum Beispiel bei Lithiumfluorid, das als Isolationsschicht bei den kapazitiv angeregten Bauelementen verwendet wurde (siehe Kapitel 6).

### Elektronenstrahlverdampfen

Bei diesem Verfahren wird die zum Verdampfen notwendige Energie nicht direkt durch Wärme, sondern über Elektronen zugeführt, die durch ein elektrisches Feld auf einige keV beschleunigt und durch ein Magnetfeld auf das zu verdampfende Material gelenkt werden. Damit kann man Materialien mit hohem Schmelzpunkt – etwa Siliziumdioxid – in sehr guter Schichtqualität abscheiden. Die dabei entstehenden Temperaturen sind sehr hoch, auch im Bereich des Substrats. Daher eignet sich das Verfahren nicht zum Bedampfen temperaturempfindlicher Substrate, wie es organische Halbleiter sind. Die Herstellung von Mehrschichtstrukturen ist also nur eingeschränkt möglich.

## 4.1.3 Kontaktierung

Bei allen Elektrolumineszenzexperimenten wurden die Proben mit einem Koaxial-Federkontaktstift elektrisch mit der Signalquelle verbunden (siehe Abbildung 4.1). Auf

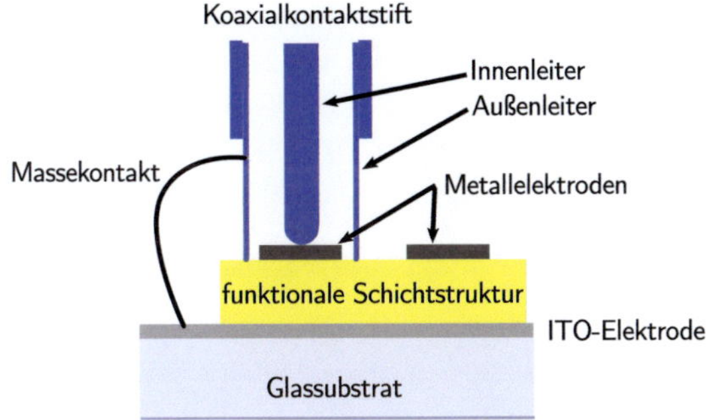


Abbildung 4.1:
Schnittzeichnung durch die kontaktierte Probe. Auf die fertige Schichtstruktur (gelb) werden kreisförmige Metallelektroden aufgedampft. Diese werden durch den Koaxialkontaktstift (blau) elektrisch kontaktiert. Die ITO-Elektrode wird über einen Draht auf Massepotential gelegt.

diese Weise wird die koaxiale Geometrie und damit ein konstanter Wellenwiderstand bis unmittelbar vor der Elektrode aufrechterhalten. So kann die Probe mit hochfrequenten und pulsförmigen Signalen angesteuert werden. Die ITO-Gegenelektrode wird über einen Klemmkontakt auf Massepotential gelegt.

Der Nachteil dieser Vorgehensweise ist die fehlende Verkapselung der organischen Materialien, da der Kontakt mit Feuchtigkeit und Sauerstoff aus der Umgebungsluft die Lebensdauer der Bauelemente drastisch reduziert.

## 4.2 Zeitaufgelöste Spektroskopie

### 4.2.1 Elektrolumineszenzspektroskopie

Zur Messung der zeit- und spektralaufgelösten Photo- und Elektrolumineszenz dient ein Streakkamera-System von Hamamatsu. Der name (engl. „streak" → „Streifen", „Spur") stammt von früheren Rotationstrommelkameras, bei denen die Zeitauflösung durch einen in die Trommel eingebrachten lichtempfindlichen Film erreicht wurde [118].

Ihr Funktionsprinzip kann anhand der Abbildung 4.2 verstanden werden. Auf den Eingangsspalt trifft ein zeitabhängiges, räumlich ausgedehntes optisches Signal. Dieses wird durch ein zweistufiges Linsensystem auf die Photokathode fokussiert, durch den äußeren photoelektrischen Effekt werden freie Photoelektronen in der Vakuumröhre erzeugt. Diese werden zunächst durch ein elektrisches Feld („accelerating mesh") in Richtung der Röhrenachse beschleunigt. Über Ablenkplatten, an denen eine zeitabhängige Hochspannung liegt, werden sie in vertikaler Richtung abgelenkt. In der

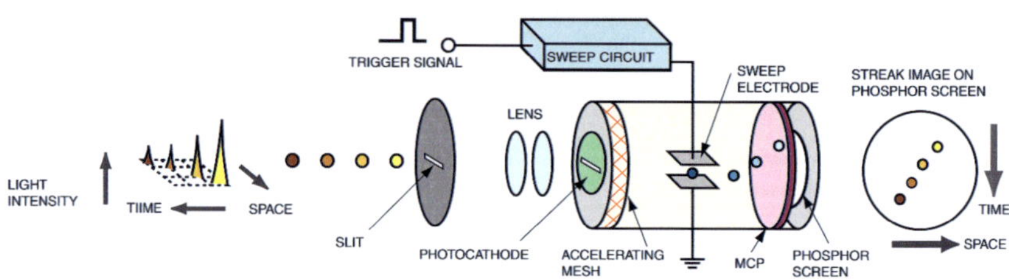


Abbildung 4.2: Prinzip der Streakkamera. Bild: Hamamatsu.

horizontalen Richtung bleibt ihre Verteilung erhalten. Durch die Mikrokanalplatte
(„micro channel plate", MCP) werden die auftreffenden Ladungsträger unter Erhaltung ihrer räumlichen Verteilung vervielfältigt und treffen auf den Phosphorschirm
(„phosphor screen"), wo die Elektronenverteilung in eine Lichtverteilung umgewandelt wird. Diese wird mit einer empfindlichen Kamera erfasst und kann verarbeitet
werden. Sie liefert ein zweidimensionales Bild mit einer Zeit- und einer Ortsachse.
Kombiniert man die Streakkamera mit einem Spektrographen, erhält man ein Mess-
system, das das einfallende optische Signal spektral und zeitlich auflöst.

Ähnlich wie bei einem Oszilloskop liegt an den Ablenkplatten ein sägezahnförmiges Signal, das eine lineare Zeitachse ermöglicht. Der Achsennullpunkt muss über
ein Triggersignal (engl. „to trigger" $\rightarrow$ „auslösen") festgelegt werden, das in fester
Phasenbeziehung zu dem optischen Signal stehen muss. Die Zeitauflösung liegt bei
2 ps und damit über zwei Größenordnungen unter den zu erwartenden Zeitkonstanten
aller im Rahmen dieser Arbeit untersuchten Prozesse. Die spektrale Auflösung wird
durch das verwendete Gitter bestimmt.

Zur Elektrolumineszenzmessung wurden die Strukturen mit einem Koaxialkontaktstift elektrisch mit der Signalquelle verbunden. Verwendet wurden zum einen ein
Hochspannungs-Pulsgenerator und zum anderen eine weitere Hochspannungsquelle
mit näherungsweise sinusförmigem Signal. Ersterer liefert ein 5 V-Triggersignal, das
direkt verwendet werden kann. Bei der Sinusspannungsquelle handelt es sich um einen
modifizierten Generator, der ursprünglich für Gasentladungsexperimente gedacht war.
Dessen Eigenschaften wurden durch Ersetzen des Ausgangstransformators an die Anforderungen der hier beschriebenen Experimente angepasst. Das Triggersignal wird
durch den neuen, am Institut hergestellten Ausgangstransformator über eine eigene
Wicklung mit nachgeschaltetem Komparator gewonnen (Schaltbild siehe Abbildung
4.3). Der umgebaute Generator liefert Spannungen im Frequenzbereich von 50 kHz
bis 350 kHz mit Amplituden bis zu 700 V.

Über einen Verzögerungsgenerator kann das erfasste Zeitintervall relativ zu dem
durch das Triggersignal definierten Nullpunkt verschoben werden. Zu beachten ist,
dass abhängig vom gewählten Zeit-Messbereich eine bestimmte Zeit zum Aufbau der
Ablenkspannung benötigt wird. Diese äußert sich als Verschiebung zwischen dem

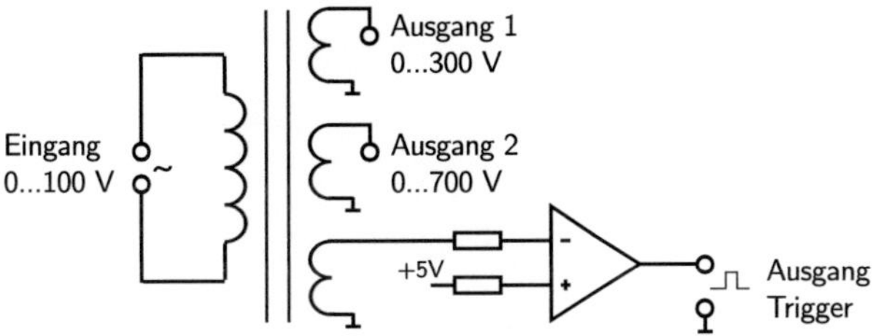


Abbildung 4.3:
Schaltbild des angefertigten Ausgangstransformators und der Schaltung zur Erzeugung eines Triggersignals mit Hilfe eines Komparators.

elektrischen Nullpunkt (definiert durch das Triggersignal) und dem Ursprung der Zeitachse auf dem Phosphorschirm. Dieses Totzeitintervall ist für alle Messbereiche im Datenblatt der Streakkamera angegeben. Bei den hier vorgestellten Elektrolumineszenzuntersuchungen wurden die Synchronizität mit Hilfe einer am Ausgang des Verzögerungsgenerators angeschlossenen LED sichergestellt. Weitere Details der einzelnen Messungen finden sich bei deren ausführlicher Beschreibung.

## 4.2.2 Photolumineszenzspektroskopie

Das Photolumineszenzexperiment funktioniert ähnlich wie oben beschrieben, mit dem Unterschied, dass die Probe hier optisch durch einen Laser angeregt wird. Der Messaufbau ist in Abbildung 4.4 skizziert.

Benutzt wurde ein Titan-Saphir-Laser mit einer Pulslänge von 100 fs bei einer Pulsrepetitionsrate von 80 MHz und einer mittleren Leistung von 2 W. Mit Hilfe eines nichtlinearen Kristalls zur Frequenzverdopplung wurde ein Anregungssignal mit einer Wellenlänge von 400 nm erzeugt. Das Triggersignal stammt von einer Photodiode, die einen Teil des Laserlichts erfasst. Der optische Isolator verhindert Rückreflexionen in den Laserresonator und sorgt so für dessen Schutz und Stabilität.

Wegen der hohen Repetitionsfrequenz kann kein sägezahnförmiges Signal an den Ablenkplatten der Streakkamera realisiert werden, stattdessen wird der lineare Bereich einer sinusförmigen Spannung benutzt. Daher muss auf mögliche Verzerrungen und auf die fallenden Anteile beim Einstellen der Verzögerung geachtet werden. Die Proben werden – wenn möglich – in einer Vakuumkammer untersucht, um Photooxidation der angeregten Halbleiter zu verhindern. Eine die Messung ggf. störende Verkapselung ist dann nicht nötig.

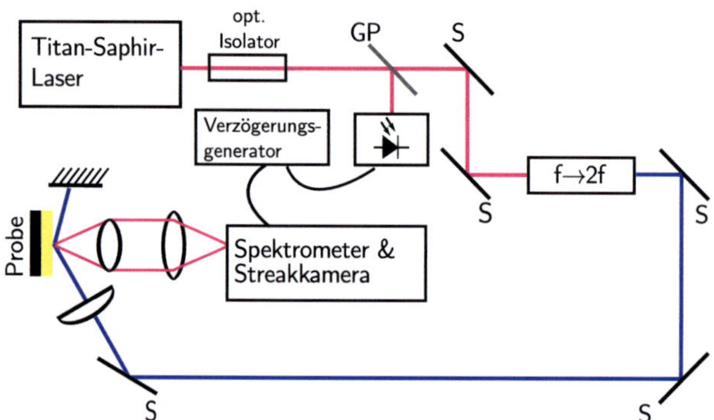


Abbildung 4.4:
Messaufbau zur zeit- und spektral aufgelösten Erfassung der Photolumineszenz. Das Laserlicht wird frequenzverdoppelt $(f \rightarrow 2f)$ und auf die Probe fokussiert. Über ein Glasplättchen (GP) wird ein Teil davon von einer Photodiode erfasst, die das Triggersignal für die Streakkamera liefert. Die Anregungsintensität wird über Neutraldichtefilter (nicht eingezeichnet) festgelegt. Die mit „S" beschrifteten Elemente sind Justagespiegel.

# 5 Optische Verstärkung in organischen Dünnschicht-Strukturen

## 5.1 Bestimmung optischer Dämpfung und Verstärkung

Die im Rahmen dieser Arbeit untersuchten Dünnschichtbauelemente sind Filmwellenleiterstrukturen, bei denen optische Moden innerhalb der funktionalen Schichtstruktur geführt sind (vergl. Abschnitt 2.5). Nach dem Lambert-Beer-Gesetz nimmt die Intensität einer sich ausbreitenden Mode exponentiell mit der zurückgelegten Strecke ab, wenn in diesem Bereich keine Energie von außen zugeführt wird.

Für die Dämpfung der Intensität sind zwei fundamentale Prozesse verantwortlich, die Absorption eines Photons mit anschließender nichtstrahlender Abregung des erzeugten Zustandes und die Streuung des Photons, bei der sich die Raumrichtung seines Impulses so ändert, dass es nicht mehr im Wellenleiter geführt wird.

Bei organischen Leuchtdioden ist die Streuung aus der geführten Mode erwünscht, da der geführte Anteil ungenutzt bleibt [119–122], während bei (planaren) Laserstrukturen sowohl das absorbierte als auch das unkontrolliert gestreute Licht verloren ist. Die durch Absorption und Streuung verursachte Gesamtabschwächung bezeichnet man als Extinktion und beschreibt sie durch den Extinktionskoeffizienten $\alpha_{ex}$[1]. Für eine sich in einem Medium ausbreitende ebene Welle gilt das Lambert-Beer-Gesetz:

$$I(l, \lambda) = I(0, \lambda) \cdot e^{-\alpha_{ex}(\lambda) \cdot l}. \tag{5.1}$$

Es beschreibt den Abfall der Intensität $I(l, \lambda)$ abhängig von der zurückgelegten Strecke $l$. Dabei bezeichnet $\lambda$ die Wellenlänge des Lichts.

Sind die entsprechenden Voraussetzungen erfüllt (vergl. Abschnitt 2.6), kann die Intensität $I(l)$ mit der zurückgelegten Strecke durch stimulierte Emission zunehmen. Die hier beschriebene Methode zur Bestimmung der Verstärkung setzt voraus, dass sich das untersuchte System im Bereich der verstärkten spontanen Emission befindet (ASE, siehe Abschnitt 2.6). Das bedeutet, dass die stimulierte Emission nicht resonant stattfindet und dass damit keine Lasertätigkeit auftritt. Darüber hinaus kann

---

[1]Die Bezeichnung ist in der Literatur nicht eindeutig, teilweise wird auch der Imaginärteil des Brechungsindex als Absorptions- oder als Extinktionskoeffizient bezeichnet.

aber auch die Dämpfung optisch passiver Materialien bestimmt werden. Der modale Nettogewinn $g_{mod}$ und der Intensitätsverlauf nach Gleichung (5.1) ergeben sich aus dem Materialgewinn $g_{mat}$ durch:

$$I(l, \lambda) = I(0, \lambda) \cdot e^{g_{mod}(\lambda) \cdot l}, \tag{5.2a}$$

$$g_{mod}(\lambda) = \Gamma g_{mat}(\lambda) - \alpha_{ex}(\lambda). \tag{5.2b}$$

Durch den Füllfaktor $\Gamma$ wird berücksichtigt, dass die geführte Mode nicht vollständig innerhalb der Schicht des verstärkenden Mediums lokalisiert ist. Der Faktor $\Gamma$ gibt den mit der aktiven Schicht räumlich überlappenden Anteil des Modenprofils von dessen Gesamtausdehnung wieder:

$$\Gamma = \frac{\int_{-d}^{0} E^2(x)dx}{\int_{-\infty}^{\infty} E^2(x)dx} \tag{5.3}$$

Dabei wird eine Ausbreitung entlang der $z$-Achse angenommen, die Dicke der wellenleitenden Schicht ist $d$. Die Feldverteilung entlang der $x$-Achse wird mit $E(x)$ bezeichnet. Der Bereich des aktiven Films wird von $-d \leq x \leq 0$ begrenzt (vergl. Abbildung 2.14). Im Folgenden wird der modale Nettogewinn abkürzend mit $g \equiv g_{mod}$ bezeichnet.

### 5.1.1 Messprinzip

Zur Bestimmung des modalen Nettogewinns $g$ wurde ein Messplatz aufgebaut, der nach der Methode der variablen Strichlänge arbeitet. Das Messprinzip wurde von Shaklee [123,124] vorgeschlagen und wird seitdem ständig weiterentwickelt [125–129].

Die Probe wird dabei durch einen senkrecht zu ihrer Oberfläche einfallenden Laserstrahl strichförmig zu Photolumineszenz angeregt (Abbildung 5.1), wobei der Strich genau an einer Probenkante endet und mit ihr einen rechten Winkel bildet. Detektiert wird das im Wellenleiter geführte und aus der Kante emittierte Licht. Abhängig vom zurückgelegten Weg innerhalb des Wellenleiters wird das entstandene Licht verstärkt oder abgeschwächt, daher kann der modale Nettogewinn $g$ aus der Abhängigkeit der detektierten Intensität $I(L)$ von der Länge $L$ des Anregungsstrichs ermittelt werden.

Nimmt man als Modell einen eindimensionalen optischen Verstärker der Länge $L$ an, lässt sich die Intensitätsabhängigkeit durch folgende Differentialgleichung beschreiben [128]:

$$\frac{dI}{dL} = g \cdot I(L) + J_{sp} \cdot \frac{\Omega(L)}{4\pi}, \tag{5.4a}$$

$$J_{sp} = R_{sp}N^* \cdot h\nu. \tag{5.4b}$$

Gleichung (5.4a) enthält neben dem modalen Nettogewinn $g$ einen Term für die spon-

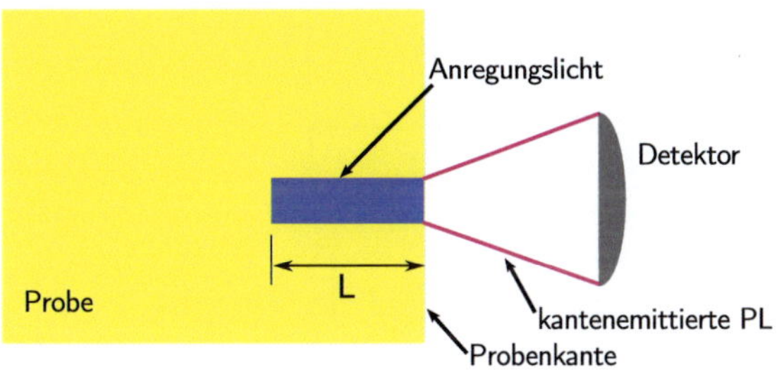


Abbildung 5.1:
Die aktive organische Schicht (gelb) wird mit dem Anregungslaser (blau) strichförmig angeregt. Die Probenkante und der Anregungsstrich bilden einen rechten Winkel. Das Photolumineszenzlicht (PL, rot) wird teilweise in dem Schichtwellenleiter geführt, dabei verstärkt bzw. abgeschwächt, und an der Probenkante von dem Detektor (grau) erfasst.

tane Emission, wobei nur deren in den detektierten Raumwinkel $\Omega(L)$ fallende Anteil einen Beitrag liefert. Die auf die Länge $L$ bezogene Intensität der spontanen Emission $J_{sp}$ berechnet sich nach Gleichung (5.4b) aus der Rate $R_{sp}$, der Anregungsdichte $N^*$ und der Photonenenergie $h\nu$. Die Integration der Differentialgleichung (5.4a) ist unter folgenden Voraussetzungen analytisch möglich:

1. Die Anregungsdichte $N^*$ ist (im beleuchteten Bereich) räumlich und zeitlich konstant.

2. Die Detektionseffizienz ist unabhängig von $L$, d.h. $\Omega$ ist konstant.

3. Der modale Nettogewinn ist konstant, das impliziert die Homogenität der Materialverstärkung $g_{mat}$, des Extinktionskoeffizienten $\alpha_{ex}$ und des Füllfaktors $\Gamma$.

Der erste Punkt muss durch einen geeigneten Messaufbau sichergestellt werden und wird bei dessen Beschreibung im Abschnitt 5.1.2 weiter diskutiert.

Die zweite Voraussetzung betreffend wird häufig angeführt, der am weitesten von der Probenkante entfernte Anteil der Photolumineszenz liefere (bei hinreichend großer Verstärkung) den größten Beitrag [128]. Aus dieser Annahme folgt dann:

$$\Omega(L) \approx \Omega(L_{max}) = \text{konst.} \tag{5.5}$$

Bei planaren Wellenleitern ist diese zweite Voraussetzung wegen der außerdem fehlenden lateralen Führung nur näherungsweise zu erfüllen. Der entstehende Fehler kann durch Hilfsmessungen abgeschätzt werden (siehe Abschnitt 5.1.5). Zusätzlich beeinträchtigt wird die Konstanz der Detektionseffizienz durch nicht-ideale Probenkanten.

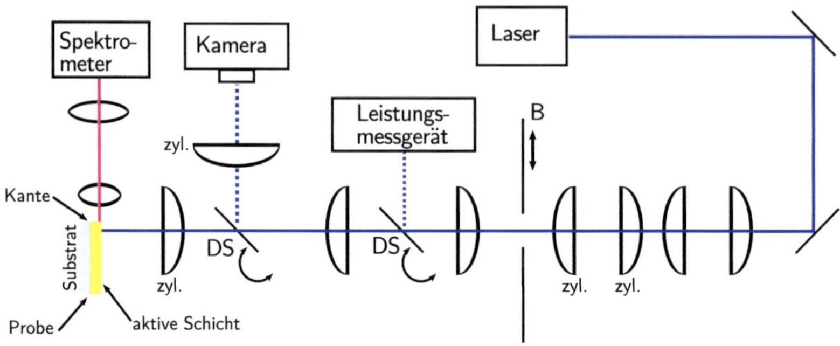


Abbildung 5.2:

Skizze des Messaufbaus. Der Laserstrahl wird über ein mehrstufiges Linsensystem aufgeweitet, mit Hilfe einer verstellbaren Blende (B) wird der Strich definiert, der dann über eine Verkleinerungsoptik auf die Probe fokussiert wird. Über Drehspiegel (DS) kann wahlweise die Leistung mit einem Leistungsmesskopf oder die Intensitätsverteilung mit einer Kamera bestimmt werden. Das aus der Probenkante abgestrahlte Licht wird in ein Spektrometer eingekoppelt.

Eine ausreichend gute Qualität der Kante erhält man mit Hilfe eines geeigneten kristallinen Substrats, das sich gut brechen lässt.

Unter den dritten Punkt fallen alle herstellungsbedingten Inhomogenitäten der Schicht – etwa Verunreinigungen oder Schichtdickenvariationen – wie sie vor allem beim Aufschleuderverfahren (siehe Abschnitt 4.1) auftreten. Dazu kommen Sättigungseffekte, die entstehen, wenn durch die stimulierte Emission die Dichte der angeregten Zustände $N^*$ erheblich beeinflusst wird. Dies ist zu erwarten, wenn das Produkt aus Strichlänge $L$ und dem Gewinn $g$ große Werte annimmt, als unproblematisch bei Polymeren gilt $gL < 4$ [130]. Die durch den Brechzahlsprung bedingte Reflexion an der Endfacette kann ebenfalls zu Sättigungseffekten führen, weshalb manche Autoren einen leicht von 90° abweichenden Winkel zwischen Anregungsstrich und Probenkante vorschlagen [129, 131]. Dieser Vorschlag bezieht sich allerdings auf III-V-Halbleiter, bei den hier untersuchten organischen Materialien dürfte wegen deren kleineren Brechzahlen der Einfluss von Rückreflexionen geringer sein.

Unter diesen Voraussetzungen ergibt sich als Lösung der Differentialgleichung (5.4a) [123, 128]

$$I(L, \lambda) = \frac{\Omega}{4\pi} \cdot \frac{J_{sp}(\lambda)}{g(\lambda)} \left( \exp(g(\lambda) \cdot L) - 1 \right). \qquad (5.6)$$

## 5.1.2 Messaufbau

In Abbildung 5.2 ist der Messaufbau skizziert. Der Durchmesser des Laserstrahls wird zunächst mit Hilfe von sphärischen Linsen vergrößert und im nächsten Schritt über

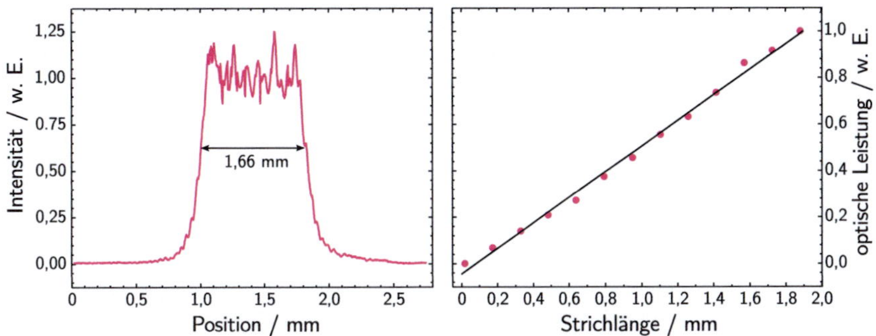

Abbildung 5.3:
Links: Profil des durch die Kamera abgebildeten Striches. Die Strichlänge wird
durch einen Schwellenwert (hier 0,66 ) definiert und von der Software automatisch
aus dem Bild bestimmt. Rechts: Gemessene optische Leistung aufgetragen über der
Strichlänge.

zylindrische Linsen horizontal noch mehr aufgeweitet. Die verstellbare Strichblende
schneidet aus dem nun hinreichend homogenen Zentrum des gaußförmigen Profils ein
Rechteck aus, dessen längere, die Strichlänge bestimmende Seite horizontal ausgerichtet ist. In vertikaler Richtung wird die Blende so weit geöffnet, dass ein guter
Kompromiss zwischen Intensität und Homogenität des Strahlprofils erreicht wird.
Im Strahlengang befindet sich nach der Strichblende eine Verkleinerungsoptik (Ab-
bildungsmaßstab ca. 0,5), darauf folgt eine Zylinderlinse, die in vertikaler Richtung
fokussiert und damit das strichförmige Profil auf der Probe erzeugt.

Über Drehspiegel kann das Anregungslicht auf einen Messkopf zur Bestimmung der
Pulsenergie oder auf eine Kamera gelenkt werden, letztere dient zur Beurteilung des
Strichprofils und zur Kalibration der Strichlänge $L$.

In der linken Teilabbildung 5.3 ist ein mit Hilfe der Kamera gemessenes Strich-
profil gezeigt. Die Strichlänge $L$ wird durch einen Schwellenwert definiert und von
der Auswertungssoftware automatisch bestimmt. Dieser Schwellenwert soll einerseits
möglichst groß sein, damit die Bedingung der homogenen Anregung erfüllt wird, an-
dererseits aber klein genug, damit durch das überlagerte Rauschen verursachte Fehler
ausgeschlossen sind. Er wurde für alle in dieser Arbeit vorgestellten Messungen nach
der Strichlängenmethode auf 2/3 des Wertes der mittleren Strichintensität festgesetzt.

Der rechte Teil von Abbildung 5.3 zeigt die gemessene optische Leistung in Abhängigkeit von der Strichlänge $L$. Der gewünschte proportionale Zusammenhang ist
deutlich zu sehen.

Das aus der Probenkante emittierte Licht wird mit einem Mikroskopobjektiv oder
einer Linse (siehe Abschnitt 5.1.5) eingesammelt und in das Spektrometer eingekoppelt, das aus einem 303 mm-Spektrograph und einer CCD-Kamera mit Mikrokanal-

Bildverstärker aufgebaut ist. Als Anregungsquelle stehen zwei gepulste, gütegeschaltete Festkörperlaser zu Verfügung, deren technische Daten in Tabelle 5.1 wiedergegeben sind.

Die Lösung der Gleichung (5.4a) setzt zwar eine zeitlich homogene Anregung voraus, die nötige Anregungsdichte ist aber bei den meisten Materialien nur durch Pulslaser zu erreichen, andernfalls könnte die anfallende Wärme nicht ausreichend abgeführt werden und die Probe würde zerstört. Außerdem entstehen auch bei optischer Anregung durch Interkombination Triplett-Exzitonen, die wegen ihrer langen Lebensdauer akkumulieren und durch Wechselwirkung mit Singulett-Exzitonen die Anregungsdichte und damit die optische Verstärkung verringern (s. Abschnitt 2.6.1).

Aus diesem Grund sind organische Laser auch bei optischer Anregung nur als Pulslaser realisierbar und diese auch nur bis zu bestimmten Pulsrepetitionsraten [40]. Daneben wurde gezeigt, dass auch bei relativ geringer Intensität der chemische Zerfall von Polymeren durch Photooxidation (siehe nächster Abschnitt) bei gepulster Anregung eine wesentlich kleinere Rolle spielt [132].

Die Annahme einer quasistationären Anregungsdichte ist gerechtfertigt, wenn die Lebensdauer des der optischen Verstärkung zu Grunde liegenden Prozesses, hier die der Fluoreszenz, wesentlich kleiner ist als die Pulslänge des Lasers [132]. Typische Fluoreszenzlebensdauern liegen bei den untersuchten Medien bei etwa 1 ns, daher ist die Forderung bei dem in der Tabelle 5.1 links aufgeführten Laser eher erfüllt. Es zeigte sich aber, dass die eingebrachte optische Leistung wegen der großen Pulslänge oftmals nicht für das Erreichen des Verstärkungsbereiches ausreicht. In diesen Fällen wurde auf die zweite Anregungsquelle zurückgegriffen, die sich durch eine etwas kürzere Pulslänge auszeichnet (Tabelle 5.1 rechts). Um Spektren mit großem Rauschabstand zu erhalten, ist außerdem eine hohe Pulsrepetitionsfrequenz wünschenswert.

**Probenpräparation und Verkapselung**

Wie bei allen Photolumineszenzexperimenten muss auch bei der Strichlängenmethode die untersuchte Struktur vor Sauerstoff und Wasser aus der Umgebungsluft geschützt werden. Anders als bei den in Abschnitt 4.2.2 beschriebenen Photolumineszenzexperimenten kommt eine Vakuumkammer bei der Strichlängenmethode nicht in Betracht, weil sowohl die Oberfläche als auch die Probenkante gut zugänglich sein müssen. Andernfalls wäre die notwendige Justage praktisch unmöglich. Stattdessen wurden die Proben in eine Glasküvette mit vier polierten Seiten eingeklebt und diese unter Stickstoffatmosphäre mit Epoxidharz verschlossen. Versuche zeigten, dass die so verkapselten Proben viele Stunden angeregt werden können (Alq$_3$:DCM auch oberhalb der Laserschwelle) und die abgestrahlte Intensität dabei kaum abnimmt. Die dazu nötige Dichtheit wird mit üblichen Kunststoffküvetten nicht erreicht.

Die Strichlängenmethode erfordert eine sehr glatte Probenkante um genaue Ergebnisse zu liefern. Das erreicht man durch die Verwendung kristalliner Substrate. Dabei darf die optische Mode nicht durch ein absorbierendes Material beeinflusst werden. Es wurde deshalb für alle Proben als Substratmaterial einkristallines Silizium ver-

| Hersteller | Coherent | Spectra Physics | |
|---|---|---|---|
| Modell | Matrix-355 | Explorer-349 | |
| Aktives Medium | keine Angabe | $LiYF_4:Nd$ | |
| Frequenzvervielfachung | dreifach | dreifach | |
| Pulslänge | 20 | <5 | ns |
| Pulsenergie (max) | 100 | 120 | µJ |
| Wellenlänge | 355 | 349 | nm |
| Pulswiederholrate | 20 | 5 | kHz |

Tabelle 5.1: Wichtige technische Daten der verwendeten Laser (Herstellerangaben)

wendet, das mit einer Deckschicht aus Siliziumdioxid versehen war, deren Dicke von 600 nm den nötigen Abstand der optischen Mode zum Silizium gewährleistet.

Zur Vorbereitung auf das Experiment wurde die Probe wurde so gebrochen, dass eine spiegelglatte Kante entstand und in die Glasküvette so eingeklebt, dass die Kante parallel zu einem Küvettenfenster ausgerichtet war. Im Anschluss wurde die Küvette unter Stickstoffatmosphäre verschlossen.

## 5.1.3 Berechnung der optischen Verstärkung

Zur Berechnung der Größe $g$ aus den gewonnenen Daten sind in der Literatur mehrere Methoden zu finden. Naheliegend ist die Kurvenanpassung der Gleichung (5.6), diese Methode führte auch zu den genauesten Ergebnissen (s. Abschnitt 5.1.5) und wurde bei allen gezeigten Verstärkungsspektren angewendet.

Ihr Nachteil ist der rechnerische Aufwand, da die Anpassung für jede gemessene Wellenlänge separat durchgeführt werden muss. Da die Messdaten von Rauschen überlagert sind, muss in Gleichung (5.6) noch ein konstanter (allerdings wellenlängenabhängiger) Summand hinzugefügt werden, damit die Randbedingung $I(L = 0) = 0$ erfüllt ist. Daher lässt sich die Anpassung einer Exponentialfunktion nicht durch Logarithmieren und eine geeignete Auftragung vermeiden. Zur Berechnung der Verstärkungsspektren wurde in MatLab ein Programm entwickelt, das die Anpassung für jede Wellenlänge automatisch durchführt und das Verstärkungsspektrum $g(\lambda)$ berechnet. Natürlich lassen sich die einzelnen Auftragungen mit Anpassung auch anzeigen, sie wurde bei jedem Spektrum für mehrere Wellenlängen überprüft. Die Berechnung dauert auf einem üblichen Arbeitsplatzrechner bei 1024 Wellenlängen 30 min bis 45 min.

Wegen des recht hohen Aufwands sind alternative Methoden zur Bestimmung von $g(\lambda)$ entwickelt worden, diese reichen von der unter bestimmten Voraussetzungen möglichen Vernachlässigung des Bruchterms in Gleichung (5.6) [123] über die Auswertung mit Hilfe analoger Elektronik [125] bis zu Vorgehensweisen, die sich auf wenige Datenpunkte beschränken. Darunter fällt die verbreitete $L/2L$-Methode, mit der sich die gewünschte Information sehr einfach aus den beiden Messungen $I(2L)$

und $I(L)$ extrahieren lässt [126].

Trotz der heutigen Verfügbarkeit leistungsfähiger Rechner sind Alternativen zur Kurvenanpassung interessant, eine Übersicht ist bei Lange et al. [129] zu finden. Besonders erwähnenswert sind die Methoden zweimaliges Differenzieren und die Verallgemeinerung der $L/2L$-Methode. Mit Hilfe der ersten beiden Ableitungen der Gleichung (5.6) lässt sich die modale Verstärkung berechnen zu:

$$g(\lambda) = \frac{\partial_L^2 I(L)}{\partial_L I(L)^2}. \tag{5.7}$$

Dazu muss der Intensitätsverlauf $I(L = L_0)$ in der Umgebung der Stelle $L_0$ bekannt sein, zur Berechnung der Ableitung passt man sinnvollerweise ein Polynom höherer Ordnung in diesem Bereich an. Vorteilhaft an dieser Methode ist ihre Unempfindlichkeit gegenüber konstanten Verschiebungen der Werte von $L$, die bei nicht genau bekannter Lage der Probenkante relativ zur Lage des Strichs auftreten. Ihr Nachteil ist die hohe Rauschanfälligkeit.

Ebenfalls in MatLab implementiert wurde die Verallgemeinerung der $L/2L$-Methode. Die Intensität wird für die Strichlängen $L$ und $aL$ gemessen, aus Gleichung (5.6) folgt mit $z = \exp(gL)$:

$$r_a = \frac{I(a \cdot L)}{I(L)} = \frac{\exp(a \cdot gL) - 1}{\exp(gL) - 1} = \frac{z^a - 1}{z - 1}, \tag{5.8a}$$

$$f(z) = (z^a - 1) - r_a(z - 1) = 0. \tag{5.8b}$$

Die Verstärkung $g$ kann bei bekanntem $a$ und gemessenem $r_a$ durch numerische Bestimmung der Nullstellen von $f(z)$ mit $z \neq 1$ erhalten werden. Die Strichlänge $L$ und das Verhältnis $a$ können so gewählt werden, dass sich ein guter Rauschabstand erzielen lässt und Sättigungseffekte ausgeschlossen werden können. Die Berechnung dauert bei 1024 Wellenlängen nur wenige Sekunden, deshalb wurde die Methode zur schnellen Abschätzung und Plausibilitätsprüfung während der Messung eingesetzt. Da sie sich nur auf zwei Datenpunkte stützt, wurden zur Verringerung der statistischen Unsicherheit alle Verstärkungsspektren schließlich durch direkte Anpassung bestimmt.

### 5.1.4 Beispielmessungen

Die Abbildung 5.4 zeigt ein mit der Strichlängenmethode erhaltenes Dämpfungsspektrum einer Mehrschichtstruktur mit SuperYellow als aktivem Material, das zwischen zwei dielektrischen Schichten eingebettet ist. Der Füllfaktor der aktiven Schicht beträgt etwa 57%. Da SuperYellow auch bei hoher Anregungsdichte keine optische Verstärkung zeigt, entspricht die gemessene Größe dem negativen Extinktionskoeffizienten $-\alpha_{ex}(\lambda)$ der Struktur. Im Sinne einer einheitlichen Darstellung wird hier

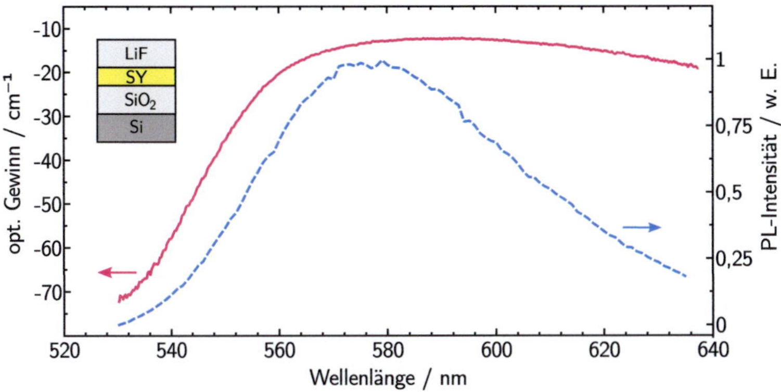



Abbildung 5.4:

Verstärkungsspektrum (durchgezogene Linie) eines SuperYellow-Polymerfilms (Schichtdicke 130 nm), der sich zwischen zwei dielektrischen Schichten befindet. Die gestrichelte Linie zeigt das Spektrum des aus der Probenkante emittierten Photolumineszenzlichts (PL). Die Schichtstruktur der Probe ist ebenfalls skizziert.

wie im Folgenden immer die Verstärkung $g(\lambda)$ aufgetragen. Die Dämpfung ist nahe dem Maximum der Photolumineszenz am kleinsten und beträgt dort $-\alpha_{ex}(575\,\mathrm{nm}) = 13{,}4\,\mathrm{cm}^{-1}$. Zu kürzeren Wellenlängen hin nimmt die Dämpfung auf Grund der Materialabsorption stark zu, im langwelligen Spektralbereich ist sie fast konstant. Selbstverständlich können mit der Messmethode nur Aussagen über jenen Spektralbereich getroffen werden, in dem hinreichend viel Licht emittiert wird, die Unsicherheit nimmt an den Rändern des Photolumineszenzspektrums mit abnehmender Emissionsintensität zu.

## 5.1.5 Gültigkeit der Methode

Die Messgenauigkeit der Strichlängenmethode hängt entscheidend davon ab, dass der Anteil des von der Detektionsoptik eingesammelten Lichts in guter Näherung unabhängig von der Strichlänge ist. Dies ist insbesondere bei kleinen oder gar negativen Werten von $g$ wichtig, da die Verstärkung selbst nur im angeregten Bereich auftritt und ihr Anteil – entsprechend dem ersten Term in Gleichung (5.4a) – räumlich gerichtet ist.

Der auftretende Fehler kann mit Hilfe der sog. SES-Methode abgeschätzt werden, die Abkürzung SES steht dabei „shifting spot excitation spectroscopy" [128]. Das Messprinzip geht aus Abbildung 5.5 hervor. Der Messaufbau wird so verändert, dass statt des Strichs ein kreisförmiger[2] Anregungsbereich mit kleinem Durchmesser (im

---

[2]In der Praxis hat der Anregungsbereich eine elliptische Form, sonst müsste die Optik verändert und neu justiert werden, was die Aussagekraft der Messung einschränken würde.

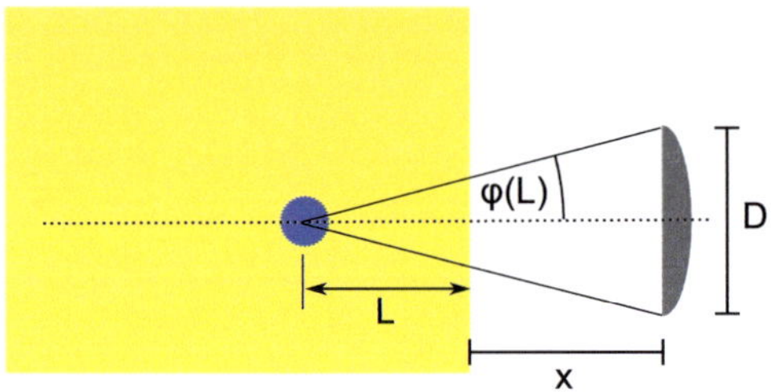


Abbildung 5.5:
Prinzip der SES-Messung: Mit einem Laser wird ein kreisförmiger Bereich mit kleinem Durchmesser (blau) auf der Probe (gelb) angeregt, der Abstand $L$ zur Probenkante ist dabei variabel. Das in dem Filmwellenleiter geführte und aus der Kante emittierte Photolumineszenzlicht wird teilweise detektiert, der Anteil wird durch den Akzeptanzwinkel $2\varphi(L)$ der Detektionsoptik bestimmt. Die Wellenleiterdämpfung wird aus der vom Abstand $L$ abhängigen Photolumineszenzintensität berechnet.

Vergleich zu $L$) entsteht, dessen Position relativ zur Probenkante verschoben werden kann (s. Abbildung 5.5). Nimmt man eine von $L$ unabhängige Detektionseffizienz an, gilt für die detektierte Intensität ein exponentieller Zusammenhang $I(L) \propto \exp(-\alpha_{ex} \cdot L)$. Anhand der Skizze lässt sich der zu erwartende Fehler abschätzen. Dazu definiert man die Detektionseffizienz $\rho(L)$ mit Hilfe des Akzeptanzwinkels der Detektionsoptik $\varphi(L)$. Da es sich bei den betrachteten Strukturen um Filmwellenleiter handelt, ist die Ausbreitung des Lichts nur innerhalb der Filmebene möglich, spontane Emission erfolgt daher isotrop innerhalb dieser Ebene. Damit gilt [128]:

$$\rho(L) = \frac{\varphi(L)}{2\pi} = \frac{1}{2\pi} \cdot \arctan\left(\frac{D/2}{x+L}\right), \tag{5.9a}$$

$$I(L) = I(0) \cdot \exp(-\alpha_{ex} \cdot L) \cdot \rho(L). \tag{5.9b}$$

Aus (5.9a) lassen sich zwei Grenzfälle ableiten: Bei einem Mikroskopobjektiv mit $x << L$ folgt bei nicht zu großer numerischer Apertur (wegen $\arctan(\gamma) \approx \gamma$) der Zusammenhang $\rho(L) \propto 1/L$. Bei einer weit von der Probe entfernten Linse mit $x >> L$ verschwindet der Einfluss der Länge $L$. Wenn möglich, ist also die Detektion durch eine Linse zu bevorzugen, es wurde bei den hier beschriebenen Experimenten ein Abstand von $x = 10\,\mathrm{cm}$ gewählt. Ein Mikroskopobjektiv ist unter Umständen bei schwachem Lumineszenzsignal notwendig. In diesem Fall muss die Abweichung von einem exponentiellen Zusammenhang mit Hilfe von Gleichung (5.9a) abgeschätzt werden.

Der Einfluss des Mikroskopobjektivs wurde experimentell untersucht. Als Teststruktur diente eine Schicht des Laseremittersystems Alq$_3$:DCM mit einer Dicke von

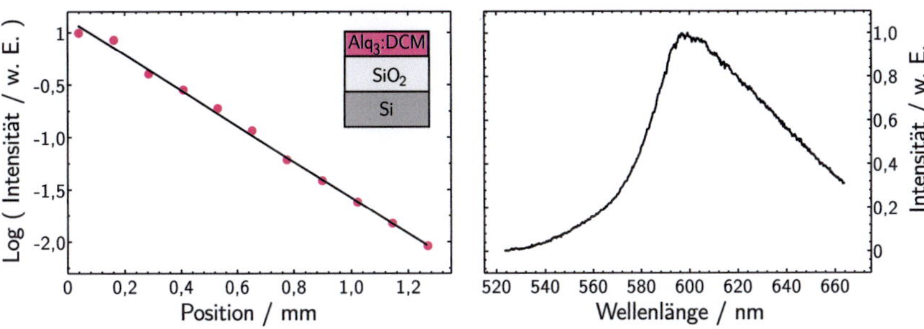


Abbildung 5.6:
Links: Ergebnis der SES-Messung, logarithmisch aufgetragen ist die Intensität an
der Probenkante über dem Abstand $L$ des angeregten Bereichs von dieser Kante.
Der Intensitätsabfall ist in guter Näherung monoexponentiell (s. eingezeichnete
Ausgleichsgerade). Eine Anpassung nach Gleichung (5.10) ist grafisch nicht von
der Geraden unterscheidbar, liefert aber einen anderen Wert für die Größe $\alpha_{ex}$. Die
Abmessungen des angeregten Bereichs betragen $325\,\mu\text{m} \cdot 50\,\mu\text{m}$. Rechts: Spektrum
des gemessenen Lichts.

$327\,\text{nm}$ (gemessen mittels eines Rasterkraftmikroskops). Diese wurde auf ein Substrat aufgedampft, das aus einer Schicht Siliziumdioxid ($600\,\text{nm}$) auf kristallinem
Silizium besteht. Die aus der Probenkante emittierte Photolumineszenz wurde mit
einem 20x-Mikroskopobjektiv mit der numerischen Apertur NA=0.35 und dem Arbeitsabstand $x = 2{,}1\,\text{mm}$ eingesammelt. Daraus ergibt sich ein halber Öffnungswin-
kel $\varphi(L = 0) \approx 20°$, in Gleichung (5.9a) wird daher $\arctan(r) \approx r$ angenommen.
Der Arbeitsabstand ist vergleichbar mit den auftretenden Längen $L$, weshalb keiner
der erwähnten Grenzfälle eintritt, vielmehr ergibt sich für den vorliegenden Fall aus
Gleichung (5.9a) mit $\arctan(\gamma) \approx \gamma$ ein nach Gleichung (5.9b) modifiziertes Lambert-
Beersches Gesetz

$$I(L) \propto \frac{1}{x + L} \exp(\alpha_{ex} \cdot L), \tag{5.10}$$

wobei $x = 2{,}1\,\text{mm}$ der Arbeitsabstand des Objektivs ist.

In Abbildung 5.6 sind rechts das Photolumineszenzspektrum sowie links das Ergebnis des SES-Experiments für die Wellenlänge $\lambda = 597\,\text{nm}$ gezeigt. An diese Daten
wurde jeweils eine Funktion nach Lambert-Beer (Gleichung (5.1)) und eine nach Gleichung (5.10) angepasst. Im ersten Fall ergibt sich eine Dämpfung von $\alpha_{ex} = 17{,}1\,\text{cm}^{-1}$,
im zweiten Fall liegt diese bei $\alpha_{ex} = 13{,}4\,\text{cm}^{-1}$. In der Grafik sind die beiden Anpass-
kurven praktisch nicht zu unterscheiden. Es ergeben sich zwei Folgerungen:

1. Bei Verwendung eines Mikroskopobjektivs unter Vernachlässigung der Abhängigkeit der Detektionseffizienz ergibt sich unter den beschriebenen Bedingungen

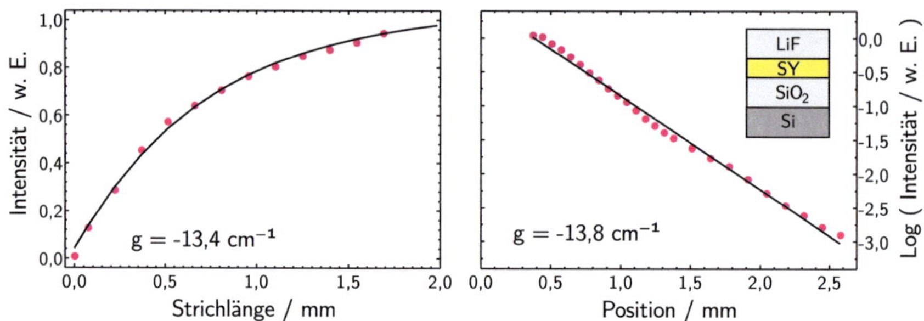


Abbildung 5.7:

Links: Strichlängenmethode: Aufgetragen ist der Verlauf der Intensität bei 575 nm über der Strichlänge. Rechts: SES-Methode: Die logarithmische Auftragung der Intensität über den Abstand des Anregungsbereiches zur Kante zeigt einen näherungsweise monoexponentiellen Zusammenhang. Die mit den beiden Methoden ermittelten Dämpfungswerte sind fast identisch.

ein Fehler von 28%. Dieser Fehler kann mit Hilfe einer Linse mit einer Brennweite von 10 cm vermieden werden, allerdings auf Kosten des Rauschabstands.

2. Aus einem augenscheinlich in guter Näherung monoexponentiellen Verlauf kann nicht auf eine konstante Detektionseffizienz geschlossen werden.

Neben dem Einfluss der abstandsabhängigen Detektionseffizienz lassen sich mit der SES-Methode auch Fehler durch ungenügende Kopplung aufdecken, etwa durch unsauber gebrochene Kanten oder fehlerhafte Justage der Detektionsoptik (z.B. ein nicht auf der Kante liegender Fokus). Diese Fehler machen sich in einer Auftragung wie in Abbildung 5.6 durch ein deutlich nicht-exponentielles Verhalten bemerkbar [128].

Die Gültigkeit der Gleichung (5.6) und damit die des Modells des eindimensionalen Verstärkers lässt sich mit Hilfe der SES-Methode ebenfalls experimentell überprüfen. Ist bei der untersuchten Struktur die Verstärkung durch stimulierte Emission vernachlässigbar ($g = -\alpha_{ex}$), muss sich außerdem der gleiche Wert für $g$ sowohl mit der Strichlängenmethode als auch mit dem SES-Experiment ergeben. Für diesen Vergleich wurde deshalb das Material SuperYellow gewählt (vergl. Abschnitt 5.1.4). Dazu wurden die Daten von Abbildung 5.4 mit dem Ergebnis einer SES-Messung verglichen, die genau an der gleichen Probenstelle durchgeführt wurde. Detektiert wurde dabei über eine Linse im Abstand von 10 cm. Die bei der Wellenlänge von 575 nm gemessene Intensität wurde jeweils über die Strichlänge bzw. über die Position des Anregungsbereichs aufgetragen.

Die SES-Messung (in der Abbildung 5.7 rechts) liefert einen in guter Näherung exponentiellen Zusammenhang, leichte Abweichungen sind wahrscheinlich durch die zähe Konsistenz von Polymeren bedingt, selbst wenn das kristalline Substrat mit spiegelglatter Kante gespalten wird, ist die Grenzfläche des Polymers nicht völlig glatt. Die Deckschicht aus Lithiumfluorid wirkt sich diesbezüglich positiv aus.

An die Daten der Strichlängenmessung (in der Abbildung 5.7 links) wurde eine Funktion nach Gleichung (5.6) angepasst. Die aus beiden Methoden resultierenden Werte für die Wellenleiterdämpfung sind nahezu identisch. Eine Anpassung nach Gleichung (5.10) an die SES-Daten änderte das Ergebnis nicht. Die Strichlängenabhängigkeit der Detektionseffizienz spielt also bei Verwendung einer Linse mit einer Brennweite von etwa 10 cm keine Rolle, daher ist diese Konfiguration dem Mikroskopobjektiv überlegen, falls sich ein ausreichender Rauschabstand erzielen lässt. Ein stark mit Rauschen überlagertes Messsignal führt bei der SES-Methode zu einer Unter-, bei der Strichlängenmethode zu einer Überschätzung der Dämpfung; dies folgt aus den Gleichungen (5.1) bzw. (5.6), wenn man bedenkt, dass der Rauschanteil der Intensität unabhängig von der Blendenposition bzw. Strichlänge ist. Da die Intensität des Messsignals bei der SES-Methode ohnehin geringer ist, liefert sie bei den in dieser Arbeit betrachteten Proben nur zuverlässige Aussagen für einen relativ engen Spektralbereich um das Maximum der Photolumineszenz.

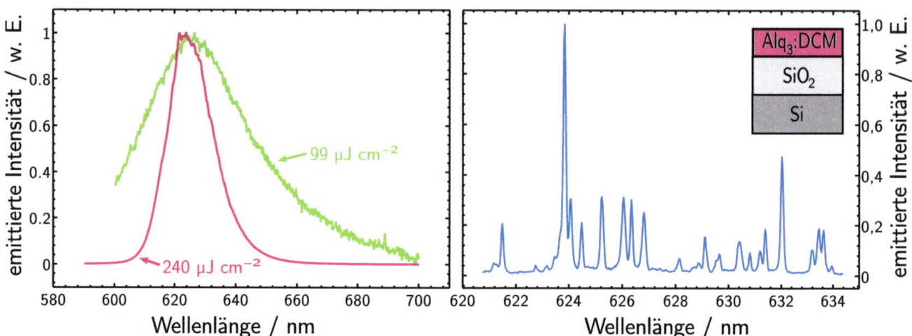

Abbildung 5.8:
Messung der Photolumineszenz einer $Alq_3$:DCM-Filmwellenleiterstruktur. Detektiert wird das aus der Kante emittierte Licht. Die Dicke der aktiven Schicht beträgt 327 nm. Links: Emissionsspektren bei Anregungsenergien unterhalb der Schwelle für Random Lasing. Zunehmende Anregungsenergie führt zu einem schmaler werdenden Emissionsspektrum mit zu kürzeren Wellenlängen hin verschobenem Maximum. Rechts: Spektrale Verteilung des emittierten Lichts oberhalb der Laserschwelle. Die Lage der einzelnen Linien ist zufällig verteilt und verändert sich beim räumlichen Verschieben des angeregten Bereichs.

## 5.2 Optische Verstärkung und Lasertätigkeit von $Alq_3$:DCM

Untersucht wurde eine auf dem für Laseranwendungen gängigen Gast-Wirt-System (siehe Abschnitt 3.3) $Alq_3$:DCM basierende Schichtstruktur. Ihr Aufbau entspricht dem des in Abbildung 5.6 gezeigten Bauelements. Beide Proben (die aus Abbildung 5.6 und die aus Abbildung 5.8) stammen aus der gleichen Charge. Als Substrat diente wieder Silizium, das zur räumlichen Trennung von der optischen Mode mit einer Oxidschicht (600 nm) versehen war.

Zur Messung der modalen Verstärkung wurde diesmal mit einer Linse im Abstand $x = 10$ cm detektiert um die in Abschnitt 5.1.5 beschriebenen Probleme zu vermeiden. Zunächst wurde bei konstanter Strichlänge die Pulsenergie des Anregungslasers langsam erhöht, beobachtet wurde dabei die typische Verschmälerung des Spektrums, die bei Zunahme des Anteils der stimulierten gegenüber der spontanen Emission typischerweise eintritt (Abschnitt 2.6). Der linke Teil von Abbildung 5.8 zeigt die zugehörigen Spektren.

Überschreitet die Pulsenergiedichte der Anregung einen Wert von etwa $262\,\mu\mathrm{J/cm}^2$, zeigen sich schmale Linien im Emissionsspektrum (rechter Teil der Abbildung 5.8), die Linienbreiten liegen in der Größenordnung 0,1 nm. Die sogenannte Leistungskennlinie ist in Abbildung 5.9 gezeigt, allerdings ist hier die Intensität über der Energie eines

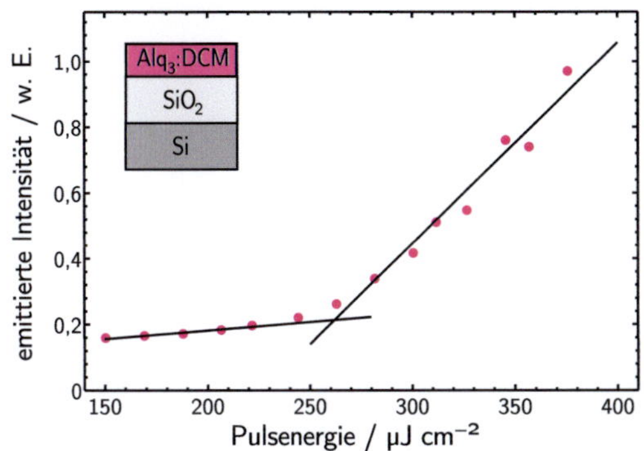


Abbildung 5.9:
Spektral integrierte Intensität des aus der Probenkante emittierten Lichts aufgetragen über der Pulsenergiedichte der optischen Anregung. Die Laserschwelle liegt
bei $262\,\mu\mathrm{J}\,\mathrm{cm}^{-2}$.

einzelnen Pulses aufgetragen. Zu erkennen ist ein deutlich nichtlinearer Verlauf mit
einer eindeutigen Schwelle bei dem genannten Wert.

In Abbildung 5.10 sind Verstärkungsspektren bei verschiedenen Anregungsdichten gezeigt. Bei der kleinsten Pulsenergie von $99\,\mu\mathrm{J/cm}^2$ ist die Mode insgesamt
(schwach) gedämpft. Da der mit der SES-Methode bestimmte Wert der Dämpfung
erheblich größer ist ($\alpha_{ex} \approx 13\,\mathrm{cm}^{-1}$, siehe Abbildung 5.6), ist auch bei dieser Anregungsdichte von signifikanter, die Dämpfung kompensierender stimulierter Emission
auszugehen. Der mittlere Wert von $240\,\mu\mathrm{J/cm}^2$ liegt knapp unter der Schwelle, die
modale Verstärkung erreicht einen Wert von etwa $20\,\mathrm{cm}^{-1}$, das Maximum ist gegenüber der erstgenannten Kurve blauverschoben. Zu kürzeren Wellenlängen hin nimmt
die Dämpfung der Struktur stark zu, da dort der Absorptionsbereich des Materials
beginnt. Im langwelligen Bereich ist die Verstärkung ebenfalls negativ.

Bei der Berechnung des Verstärkungsspektrums (Abbildung 5.10) ist zu beachten, dass mit Erreichen einer Laserschwelle die in Abschnitt 5.1.1 beschriebene Annahme einer durch die stimulierte Emission unbeeinflussten Anregungsdichte nicht
mehr erfüllt ist (Verstärkungssättigung). Berechnet man die Verstärkung oberhalb
des Schwellenwerts, finden sich die Laserlinien im resultierenden Spektrum wieder,
bei der sehr hohen Anregungsenergiedichte von $1140\,\mu\mathrm{J/cm}^2$ liegt das Maximum der
Verstärkung bei etwa $60\,\mathrm{cm}^{-1}$. Es muss betont werden, dass die Messung wegen der
resonanten stimulierten Emission im Sättigungsbereich stattfindet (siehe Abschnitt
2.7), die tatsächliche Verstärkung kann daher erheblich größer sein. Aus dem gleichen
Grund führt das Überschreiten der Laserschwelle zu einem Rückgang der gemessenen Verstärkung im langwelligen Bereich. Die Messergebnisse stehen daher nicht im
Widerspruch zu anderen veröffentlichten Messwerten des gleichen Materialsystems,

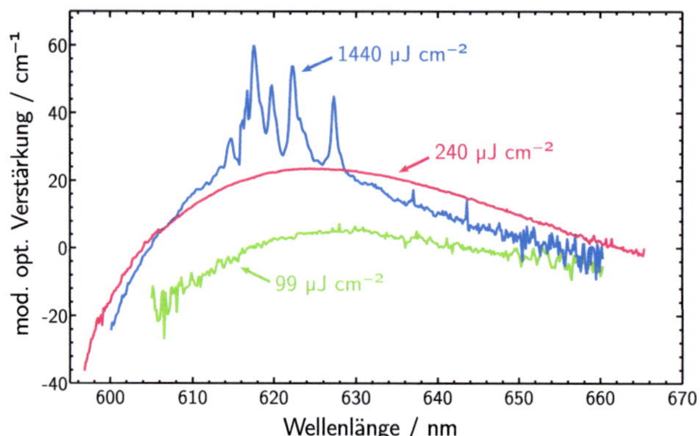


Abbildung 5.10:
Verstärkungsspektren der Alq$_3$:DCM-Filmwellenleiterstruktur aus Abbildung 5.9. Die oberhalb der Laserschwelle entstehenden Linien, finden sich im Verstärkungsspektrum wieder, wegen deren zufälliger Verteilung allerdings verbreitert. Durch das Einsetzen der Lasertätigkeit sind die Voraussetzungen zur Berechnung der modalen Verstärkung $g$ nicht mehr erfüllt.

beispielsweise die von Stefan Riechel [133], die mit einem Pump-Probe-Verfahren gewonnen wurden und die eine Größenordnung höher liegen. Dabei wurde ebenfalls Random Lasing beobachtet, allerdings mit einem erheblich größeren Schwellenwert von $1500\,\mu\mathrm{J/cm^2}$.

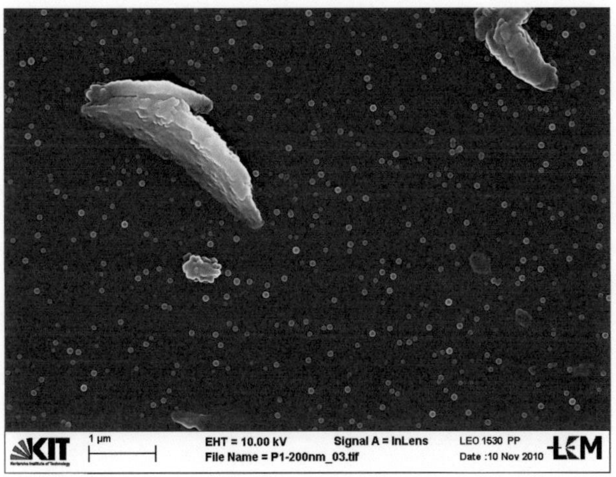


Abbildung 5.11:
Rasterelektronenmikroskopaufnahme einer Alq₃:DCM-Schicht. Zu erkennen sind Kügelchen mit Durchmessern zwischen 30 nm und 130 nm, sowie deutlich größere Konglomerate. Zur Anfertigung der Aufnahme wurde die Probe mit einer etwa 3 nm dünnen Platinschicht versehen.

Voraussetzung für Random Lasing ist die Ausbildung resonanter optischer Moden durch Mehrfachstreuung bzw. zufällig verteilte Brechzahlvariationen (siehe Abschnitt 2.7). Der Einfluss der mittleren freien Weglänge auf die Entstehungswahrscheinlichkeit ausgedehnter Moden ist eher gering [53], allerdings müssen im Anregungsbereich der Probe genügend Streuereignisse stattfinden und der zurückgelegte Weg lang genug sein, damit die Intensität bis in den Sättigungsbereich ansteigen kann [63].

Da bei der hier diskutierten Schicht Random Lasing beobachtet wird, müssen Streuzentren vorhanden sein. Auch ist die Annahme plausibel, die gemessene Dämpfung des Schichtwellenleiters von etwa $10\,\mathrm{cm}^{-1}$ (siehe Abbildung 5.6) sei im Wesentlichen auf Streueffekte zurückzuführen.

In der Rasterelektronenmikroskop-Aufnahme (Abbildung 5.11) werden die Streuzentren sichtbar. Zu erkennen sind Kügelchen auf und innerhalb der Schicht. Ihre Durchmesser variieren im Bereich von 30 nm bis 130 nm, bei anderen Aufnahmen von der gleichen Probe finden sich neben den Kügelchen auch Stäbchen. Die mittlere freie Weglänge der Photonen kann ohne Kenntnis des Brechzahlkontrastes nicht genau berechnet werden, die Verteilung der Streupartikel legt einen Wert im Mikrometerbereich nahe. Dies ist auch konsistent mit von konjugierten Polymeren stammenden Ergebnissen, hier beobachtet man mittlere freie Weglängen im Bereich von $5\,\mu\mathrm{m}$ bis $20\,\mu\mathrm{m}$ [60].

Als Entstehungsursache der Streuzentren kommt neben Verunreinigung auch das Alq$_3$ selbst in Betracht, da beim Aufdampfvorgang das strömende gasförmige Material häufig anhaftenden Feststoff aus dem Tiegel mit sich reißt, der sich dann als Partikel auf der Probe wiederfindet. Im Extremfall sind solche Konglomerate mit bloßem Auge sichtbar. Aus Aufnahmen mit dem Rasterelektronenmikroskop geht hervor, dass auch diese makroskopischen Anhäufungen aus Kügelchen und Stäbchen bestehen.

Auch bei anderen Materialien der Klasse kleine Moleküle wird Random Lasing mit vergleichbaren Schwellen ($300\,\mu\mathrm{J/cm^2}$) beschrieben [134], ohne dass die Herkunft der Streuzentren genau geklärt wäre.

# 6 Kapazitive Anregung

## 6.1 Laserdioden-Konzept

In Abschnitt 2.6.1 wurden Verlustprozesse erläutert, die bisher die Realisierung eines elektrisch angeregten organischen Lasers unmöglich machen. Einen erheblichen Anteil daran hat die Polaronenabsorption, die wegen der räumlichen Nähe der optischen Mode zu den stromtragenden Transportschichten entsteht. Eine Besetzungsinversion des Emitters erfordert aber in jedem Fall große Stromdichten.

Weil also der Stromtransport von den Elektroden zum Emitter problematisch ist, liegt es nahe, die Elektronen und Löcher nicht von außen zu injizieren, sondern nahe der aktiven Schicht feldinduziert zu erzeugen. In Abbildung 6.1 ist das Konzept skizziert. Das elektrische Feld wird durch Elektroden erzeugt, die weit entfernt von der aktiven Schicht sind und daher die optische Mode nicht dämpfen. Sie sind durch transparente Isolatorschichten elektrisch vom organischen Halbleiter getrennt. Diese können einen Teil der optischen Mode führen, ohne nennenswert zu Verlusten beizutragen. Die Ladungsträger werden durch eine Generationsschicht erzeugt, die sich in der Mitte der organischen Schicht befindet. Da ein Wechselfeld angelegt wird, entstehen in jedem der beiden Bereiche neben der LGS Exzitonen.

Da die Ladungsträgergenerationsschicht aus leitendem Material (in der Abbildung Nanopartikel) oder aus dotierten Schichten besteht, führt sie selbst zu Extinktion (Absorption und/oder Streuung) der geführten Mode. Günstiger ist es daher, die LGS nicht in den Bereich des Maximums der Intensität zu legen. In Anlehnung an

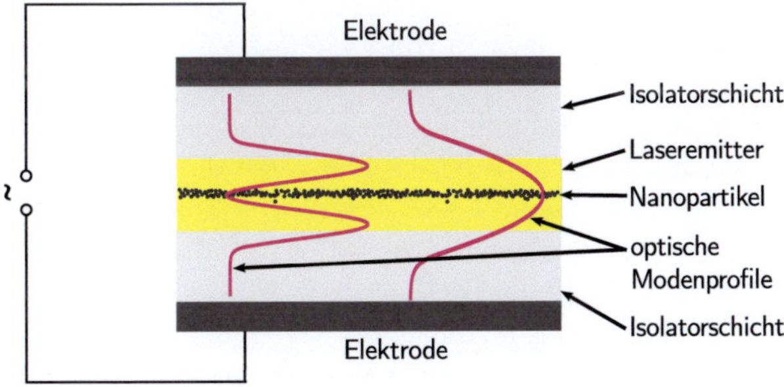


Abbildung 6.1: Vorgeschlagenes Laserdioden-Konzept

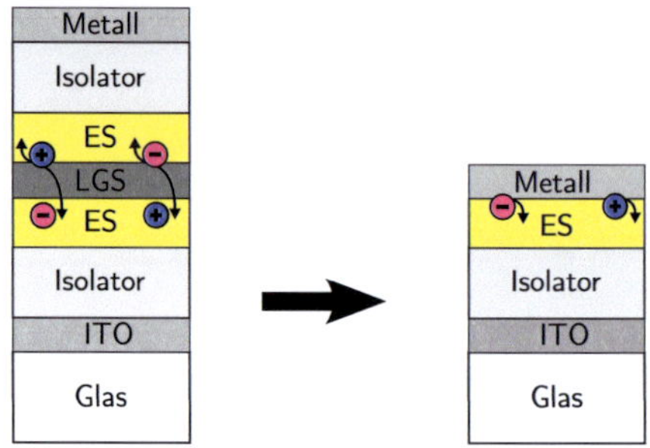


Abbildung 6.2:
> Links: Schemazeichnung der Doppelemitterstruktur. Je nach Polarität des elektrischen Felds werden Elektronen oder Löcher über die Grenzfläche der leitenden Generationsschicht (LGS) in die Emitterschichten injiziert. Die Struktur ist spiegelsymmetrisch bezüglich einer sie in der Mitte der LGS teilenden Ebene. Rechts: Modellstruktur (Einfachschichtemitter), die durch Symmetrieüberlegungen zu Stande kommt. Bei einer bestimmten Richtung des elektrischen Felds wird nur ein Ladungsträgertyp injiziert. Die Zeichnungen sind nicht maßstabsgetreu.

die bereits publizierte $TE_2$-Struktur [42] kann dieses Problem durch die Verwendung höherer Moden umgangen werden. Die natürlich immer mögliche Grundmode würde in diesem Fall durch die Nanopartikelschicht unterdrückt.

Natürlich stellt sich die wichtige Frage, ob die nötige Anregungsdichte mit einem solchen Konzept erreicht werden kann. Sie wird im Abschnitt 6.3.8 ausführlich diskutiert.

## 6.2 Einfachschichtemitter

Mit Hilfe der hier vorgestellten Bauelement-Struktur (rechts in Abbildung 6.2) lassen sich die der feldinduzierten Generation von Ladungsträgern (siehe Abschnitt 2.8.3) zu Grunde liegenden Injektions- und Transferprozesse gezielt untersuchen. Die Kombination von zeitaufgelöster Elektrolumineszenzspektroskopie mit der am Institut entwickelten Simulationssoftware erlaubt Rückschlüsse auf die Injektions- und Transportdynamik der Ladungsträger. Damit lassen sich die die Anregungsdichte begrenzenden Faktoren identifizieren und Anforderungen an Material und Struktur der kapazitiv angeregten Bauelemente ableiten.

Der linke Teil der Abbildung 6.2 zeigt die vereinfachte Struktur einer kapazitiv angeregten organischen Leuchtdiode, die Ladungsträgererzeugung erfolgt hier durch eine leitende Schicht (LGS), die zwischen zwei Emitterschichten (ES) eingebettet ist. Ein elektrisches Feld wird über isolierte Elektroden aufgebaut. An den beiden Grenzflächen der Generationsschicht (LGS) werden jeweils Elektronen und Löcher in die Emitterschicht injiziert. Nach Polaritätswechsel werden jeweils komplementäre Ladungsträger in die beiden Schichten injiziert, daraufhin bilden sich Exzitonen, die wiederum mit einer bestimmten Wahrscheinlichkeit strahlend rekombinieren. Da für die Funktionalität die Grenzfläche zwischen dem organischen und dem metallischen Material entscheidend ist, spielt die Dicke der Generationsschicht unter elektronischen Gesichtspunkten eine untergeordnete Rolle. Das elektrische Potential verläuft innerhalb der organischen Schichten näherungsweise linear (siehe Abbildung 2.22) und ist in elektrischen Leitern konstant.

Die Generationsschicht kann im einfachsten Fall aus einem Metall mit geeigneter Austrittsarbeit bestehen. Tatsächlich lassen sich funktionierende Bauteile mit dieser Struktur herstellen, die Metallschicht wird dabei sehr dünn gewählt (etwa 10 nm), um Absorptionsverluste klein zu halten [88]. Der Aufbau ist spiegelsymmetrisch bezüglich der die Generationsschicht mittig teilenden Ebene, daher kann man sich das Bauelement zusammengesetzt denken aus zwei der im rechten Teil der Abbildung 6.2 gezeigten Strukturen, im Folgenden Einfachschichtemitter genannt.

Im Hinblick auf das Forschungsziel, ein tiefgehendes Verständnis der bei der Ladungsträgererzeugung ablaufenden Prozesse zu erlangen, hat die Untersuchung des Einschichtemitters zwei Vorteile gegenüber dem vollständigen Bauteil: Zum einen lässt er sich wesentlich leichter numerisch behandeln; die zur Lösung der Drift-Diffusionsgleichung im organischen Halbleiter gemachten Annahmen sind bei den im Metall auftretenden Dichten von freien Ladungsträgern nicht gültig, daher können die beiden Schichten nicht ad hoc gemeinsam behandelt werden. Möglich ist dagegen die Annahme einer leitenden Grenzfläche. Der zweite Vorteil ist experimenteller Natur: Da bei einer bestimmten Polarität der anliegenden Spannung nur eine bestimmte Ladungsträgersorte in den Halbleiter injiziert wird, ist es möglich, diesen Vorgang gezielt für eine Ladungsträgerpolarität zu manipulieren.

Das Bauelement nach Abbildung 6.2 (rechts) wurde entsprechend der Beschreibung in Abschnitt 4.1 hergestellt unter Verwendung von SuperYellow als Emittermaterial (Schichtdicke: 90 nm) und Siliziumdioxid für die Isolationsschicht (500 nm). Elektrisch angeregt wurde die Struktur über den Koaxialkontaktstift. Die erforderliche Hochspannung lieferte der in Abschnitt 4.2.1 beschriebene Sinusgenerator. Die an der Probe anliegende Spannung wurde über einen 1:100-Tastkopf abgegriffen und mit einem digitalen Oszilloskop aufgezeichnet. Als Triggerquelle diente hier ebenfalls das erwähnte TTL-kompatible Signal, um eine gemeinsame Zeitbasis für die Erfassung des elektrischen und des optischen Signals zu gewährleisten.

Abbildung 6.3 zeigt das Ergebnis der zeitaufgelösten Elektrolumineszenzmessung (durchgezogene blaue Linie) zusammen mit der anliegenden Spannung (rot, gestrichelte Linie). Bei letzterer erkennt man zunächst eine deutliche Abweichung vom idealen sinusförmigen Verlauf, was durch den für hohe Leistungen ausgelegten und nicht auf niedrige Verzerrung optimierten Generator zu erklären ist. Daneben spielt auch der Ausgangstransformator eine Rolle. Während der relativ langen Integrations-

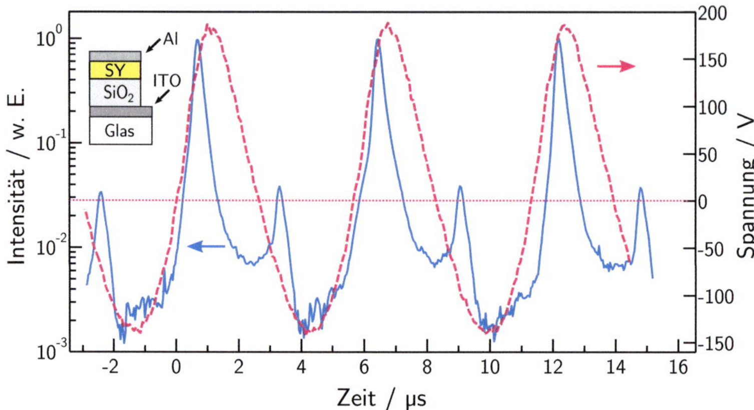



**Abbildung 6.3:**
Zeitlicher Verlauf der Elektrolumineszenz eines SuperYellow-Einfachschichtemitters (blaue, durchgezogene Linie). Werte und Halbwertsbreiten der Maxima sind stark polaritätsabhängig. Ebenfalls eingezeichnet ist der Zeitverlauf der anregenden Spannung (rote, gestrichelte Linie) sowie eine Schemazeichnung der Struktur (nicht maßstabsgetreu).

zeit der Streakkamera ist ein Driften der Ausgangsfrequenz zu beobachten, was zu leicht unterschiedlichen Periodendauern der beiden in Abbildung 6.3 gezeigten Signale führt.

Wie erwartet, ist die Grundfrequenz des optischen Signals doppelt so groß wie die der Anregung. Auffällig ist die stark ausgeprägte Asymmetrie; die bei positiver Spannung (dabei werden Löcher injiziert) auftretenden Maxima erreichen etwa einen um den Faktor 50 höheren Wert. Außerdem treten die Elektrolumineszenzmaxima im Bereich negativer Spannung (Injektion von Elektronen) deutlich vor dem Erreichen des negativen Spitzenwertes auf und fallen wesentlich steiler ab als dies bei positiven Spannungswerten der Fall ist.

## 6.2.1 Simulationsergebnisse

Zur numerischen Simulation der Ladungsträgerdynamik in organischen Halbleiterbauelementen wurde am Lichttechnischen Institut eine Software entwickelt [5], die an die hier vorliegende Situation angepasst wurde [135].

Ausgehend von der im rechten Teil von Abbildung 6.2 gezeigten Bauteilstruktur wurde der Injektionsstrom durch die Grenzfläche der Elektrode zur organischen Emitterschicht (ES) als Summe der Scott-Malliaras-Injektion und einem Fowler-Nordheim-Tunnelstrom modelliert (siehe Abschnitt 2.1). Der Tunneleffekt liefert bei großem

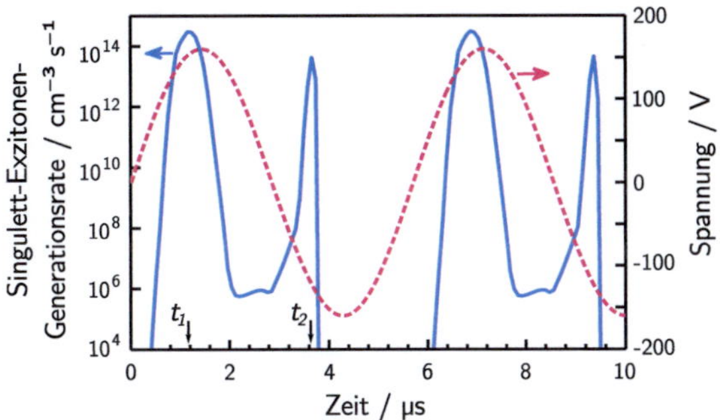

Abbildung 6.4:
Berechneter Zeitverlauf der Exzitonen-Generationsrate der Einschichtemitterstruktur (durchgezogene, blaue Kurve). Ebenfalls eingezeichnet ist die sinusförmige Anregungsspannung (gestrichelt, rot). Die Werte der maximalen Generationsrate der Singulett-Exzitonen betragen $3{,}4 \cdot 10^{14}\,\mathrm{cm^{-3}\,s^{-1}}$ bei $t_1$ und $3{,}6 \cdot 10^{13}\,\mathrm{cm^{-3}\,s^{-1}}$ bei $t_2$.

elektrischen Feld einen relevanten Beitrag. Innerhalb des organischen Halbleiters wurde die Ladungsträgerdynamik durch ein Drift-Diffusionsmodell beschrieben [136,137], wobei hierfür – wie auch für die Injektion – eine feldabhängige Beweglichkeit nach Gleichung (2.3) angenommen wurde. Die für die Rechnung benötigten Werte der Energiebarrieren der Elektronen bzw. Löcher $\Phi_e^{Al} = 1{,}4\,\mathrm{eV}$ und $\Phi_h^{Al} = 0{,}8\,\mathrm{eV}$ sowie die Nullfeld-Mobilitäten $\mu_e = 5{,}7 \cdot 10^{-9}\,\mathrm{cm^2/V\,s}$ und $\mu_h = 1{,}1 \cdot 10^{-7}\,\mathrm{cm^2/V\,s}$ entstammen der Literatur [138]. Der Feldabhängigkeitsparameter $E_0$ in Gleichung (2.3) wurde durch Vergleich der Ergebnisse von Experiment und Simulation zu $E_0^e = E_0^h = 6 \cdot 10^4\,\mathrm{V/cm}$ bestimmt, was ebenfalls gut mit den entsprechenden Werten aus der Literatur übereinstimmt [138]. Die Entstehung von Exzitonen aus den im Halbleiter befindlichen Ladungsträgern wurde durch Langevin-Rekombination beschrieben, wobei ein Verhältnis der Erzeugungsrate von Singulett- zu Triplettexzitonen von 1:3 angenommen wurde [22]. Wegen der kurzen Fluoreszenzlebensdauer, mit gemessenen Werten von etwa 1 ns (siehe Abschnitt 6.3.5), kann die Generationsrate der Singulettexzitonen als proportional zur Intensität der Photolumineszenz angenommen werden. Diese ist in Abbildung 6.4 zeitabhängig aufgetragen.

Das Ergebnis der Simulation stimmt hervorragend mit dem Experiment überein, die Asymmetrie der Breite der zu den verschiedenen Polaritäten gehörenden Maxima, der schnelle Abfall bei negativer Spannung und das Verhältnis der Spitzenwerte, das etwa 50 (Experiment) bzw. etwa 10 (Simulation) beträgt, konnten gut nachvollzogen werden.

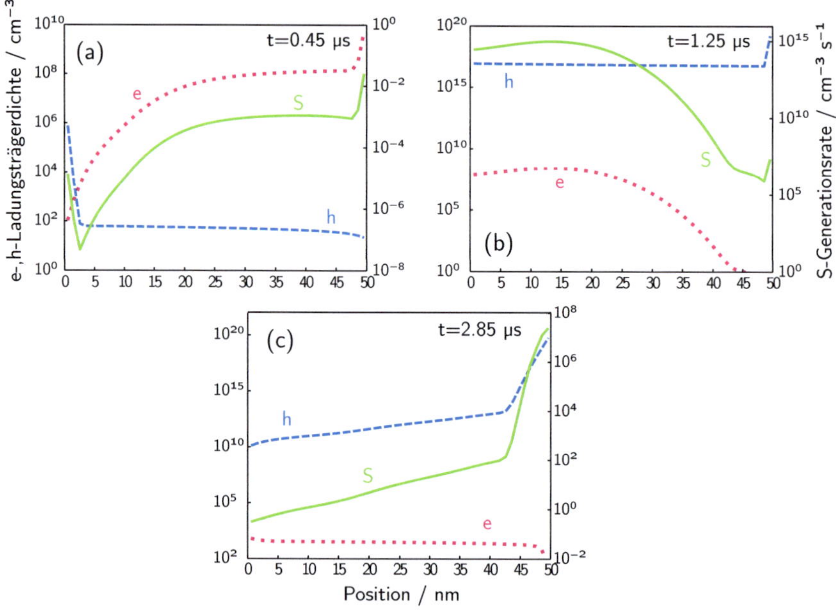



Abbildung 6.5:
Berechnete räumliche Verteilung der Ladungsträgerdichten sowie die der Exzitonengenerationsrate zu verschiedenen Zeitpunkten. (a): Zeitpunkt unmittelbar nach dem Wechsel hin zu positiver Spannungspolarität; (b): Zeitpunkt der maximalen Exzitonengenerationsrate; (c): Kurz vor dem Polaritätswechsel hin zu negativer Spannung. Zu allen Zeitpunkten ist der Wert der anliegenden Spannung positiv, d. h. es werden Löcher injiziert.

## Räumliche Ladungsträgerverteilung

Der experimentelle Befund kann mit Hilfe der durch Simulation erhaltenen räumlichen Ladungsträgerverteilung erklärt werden, die in den Abbildungen 6.5 und 6.6 zu verschiedenen Zeitpunkten wiedergegeben ist. Die Situation zum Zeitpunkt $t = 0{,}45\,\mu s$ ist in Teilabbildung 6.5a dargestellt, das ist unmittelbar nach dem Wechsel hin zu positiver Polarität. Die Dichte der Elektronen beträgt im größten Teil der Schicht einen Wert von etwa $1 \cdot 10^8\,\mathrm{cm}^{-3}$, was etwa der höchsten Dichte entspricht, die Elektronen überhaupt erreichen. Nur im Bereich nahe der Grenzfläche ist die Elektronendichte niedriger. Löcher sind dagegen kaum vorhanden, entsprechend niedrig ist die Rate der Exzitonen.

Im weiteren Verlauf steigt die Erzeugungsrate der Exzitonen steil an und erreicht ihr Maximum bei $1{,}25\,\mu s$, die zugehörige räumliche Verteilung zeigt Teilabbildung 6.5b. Das wegen ihrer geringen Beweglichkeit langsame Herausfließen der Elektronen in die

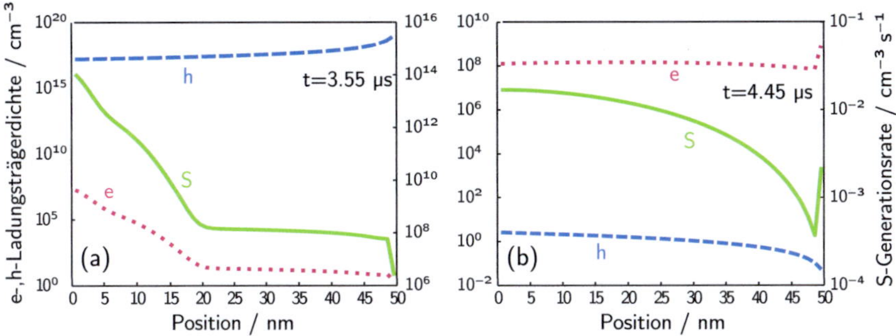

Abbildung 6.6:
Berechnete räumliche Verteilung der Ladungsträgerdichten sowie die der Exzitonengenerationsrate zu verschiedenen Zeitpunkten. (a): Zeitpunkt der bei negativer Spannung maximal auftretenden Exzitonen-Erzeugungsrate; (b): Zeitpunkt minimaler Spannung. Zu allen Zeitpunkten ist der Wert der anliegenden Spannung negativ, d. h. es werden Elektronen injiziert.

positiv geladene Elektrode ist zu erkennen, über einen weiten Bereich der Schicht hat deren Dichte jedoch noch kaum abgenommen.

Die wegen ihrer vergleichsweise hohen Mobilität effizient injizierbaren Löcher haben zu dieser Zeit im gesamten aktiven Bereich eine Dichte von $1 \cdot 10^{17}\,\mathrm{cm}^{-3}$ angenommen, in der Folge erreicht auch die Rate der Langevin-Rekombination ihr Maximum von etwa $1 \cdot 10^{15}\,\mathrm{cm}^{-3}\,\mathrm{s}^{-1}$. Kurz bevor die Polarität der anliegenden Spannung wechselt ($t = 2{,}85\,\mu\mathrm{s}$, Abbildung 6.5c) ist die Lichtemission durch die geringe Elektronendichte begrenzt und erreicht ein lokales Minimum, dessen Wert jedoch erheblich höher liegt als in Teilabbildung 6.5a.

Nach dem Polaritätswechsel (Teilabbildung 6.6a) ist die Dichte der Löcher nach wie vor hoch und die der Elektronen noch niedrig, da diese auf Grund ihrer geringen Beweglichkeit und außerdem wegen der höheren Barriere $\Phi_e$ weniger effizient injiziert werden als die Löcher. Die Lichtemission ist auch hier elektronenlimitiert, erkennbar an dem ähnlichen räumlichen Verlauf der Exzitonengenerationsrate und der Elektronendichte.

Dies steht im Gegensatz zu der entsprechenden Teilabbildung 6.5b, da hier die Dichte der zum Zeitpunkt injizierten Ladungsträger die Erzeugung der Exzitonen begrenzt, und erklärt die beobachtete Asymmetrie. Wenn die angelegte Spannung ihr Minimum erreicht ($t = 4{,}45\,\mu\mathrm{s}$) ist die Dichte der Löcher auf sehr kleine Werte abgefallen, die Singulett-Exzitonengenerationsrate erreicht ihr absolutes Minimum. Die hohe Beweglichkeit der Löcher hat zu einem steilen Abfall der Lichtemission geführt.

Zusammenfassend kann man schließen, dass die Asymmetrie der Ladungsträgerbeweglichkeiten eine entscheidende Rolle für die beobachtete Polaritätsabhängigkeit spielt, dies in zweifacher Hinsicht: Zum einen ist der bei gleicher Spannung geringere Injektionsstrom der Elektronen wichtig (der aber ebenfalls durch die höhere Barriere $\Phi_e$ begrenzt ist) und zum anderen fließen Löcher bei negativer Spannung erheblich schneller aus der aktiven Schicht heraus, folglich fällt die Emission von Licht steil ab, bevor die Spannung ihr Minimum und damit der Elektronen-Injektionsstrom sein Maximum erreicht.

## 6.2.2 Asymmetrische Anregung

Bei allen hier vorgestellten Elektrolumineszenzbauteilen mit mindestens einer elektrisch isolierten Elektrode werden sowohl die positiven als auch die negativen Ladungsträger über dasselbe leitende Material in die aktive Schicht eingebracht. Die sonst bei organischen Leuchtdioden übliche Optimierung der Kontakte durch die Wahl von leitenden Materialien mit geeigneter Austrittsarbeit ist deshalb nicht möglich; die Folge sind relativ hohe Injektionsbarrieren $\Phi_{e,h}$ für mindestens eine Ladungsträgerpolarität. Aus den oben beschriebenen Messungen und der Simulation kann man schließen, dass die Generationsrate der Exzitonen durch den Unterschied der Injektionseffizienzen der beiden Ladungsträgertypen begrenzt wird, dieser wird wiederum bedingt durch die unterschiedlichen Injektionsbarrieren $\Phi_e$ und $\Phi_h$ des Übergangs von Aluminium zu SuperYellow und durch die unterschiedlichen Ladungsträgermobilitäten $\mu_e$ und $\mu_h$. Diese Parameter können im Experiment wegen der eingeschränkten Auswahl an geeigneten organischen Halbleitern und Elektrodenmaterialien nicht ohne Weiteres unabhängig voneinander variiert werden.

Es liegt aber der Versuch nahe, die Asymmetrie der Injektionseffizienz durch eine ebenfalls nicht symmetrische Anregung zu kompensieren. Zu diesem Zweck wurde ein Pulsgenerator[1] verwendet, der rechteckförmige Spannungen mit abwechselnder Polarität (bezüglich Erdpotential) erzeugt, deren Spitzenwerte $\hat{U}$ und $-\hat{U}$ sich für jede Polarität separat im Bereich $0\,\mathrm{V}\ldots400\,\mathrm{V}$ einstellen lassen. Die Pulsrepetitionsrate ist auf den Bereich $f = 1\,\mathrm{Hz}\ldots100\,\mathrm{kHz}$ beschränkt, die Pulslängen können nur für beide Polaritäten gemeinsam vorgegeben werden, wobei das Tastverhältnis 4% nicht übersteigen darf. Wegen der Neigung der untersuchten Bauteile zu dielektrischen Durchbrüchen ist die Kurzschlussfestigkeit des Generators ebenfalls eine wichtige Eigenschaft. Die Signalform ist beispielhaft in Abbildung 6.8 (rote Kurven) zu sehen.

**Intensitätsmessung**

Zunächst wurden Repetitionsfrequenz und Pulsbreite variiert und die emittierte Intensität des Bauteils durch eine auf Linearität optimierte CCD-Kamera für Astronomieanwendungen[2] erfasst, durch Aufsummieren der Intensitäten der einzelnen Bildelemente erhält man die abgestrahlte Gesamtleistung. Als am günstigsten erwiesen sich dabei eine Wiederholrate von $f = 100\,\mathrm{kHz}$ und Pulsdauern von jeweils $2\,\mu\mathrm{s}$.

Im nächsten Schritt wurde der positive Spitzenwert $\hat{U} = 110\,\mathrm{V}$ konstant gehalten und der entsprechende Minimalwert variiert ($-\check{U} = 0\,\mathrm{V}\ldots160\,\mathrm{V}$) und darüber die abgestrahlte Leistung aufgetragen, zu sehen in Abbildung 6.7. Zu erkennen ist ein ausgeprägtes Maximum bei $-\check{U} \approx 50\,\mathrm{V}$, bei weiter ansteigender Spannung fällt die Elektrolumineszenzleistung stark ab. Bei $\check{U} = 0\,\mathrm{V}$ wird wie erwartet kein Licht abgestrahlt, da keine Elektronen injiziert werden. Zu hohen Spannungen hin steigt die Emission leicht an, klingt aber innerhalb kurzer Zeit ($\approx 10\,\mathrm{s}$) ab, einhergehend

---

[1]Modell: AVR 3HF B BR PN, Hersteller AVTech
[2]Modell: Sigma 402, Astroelektronik Fischer, www.nova-ccd.de

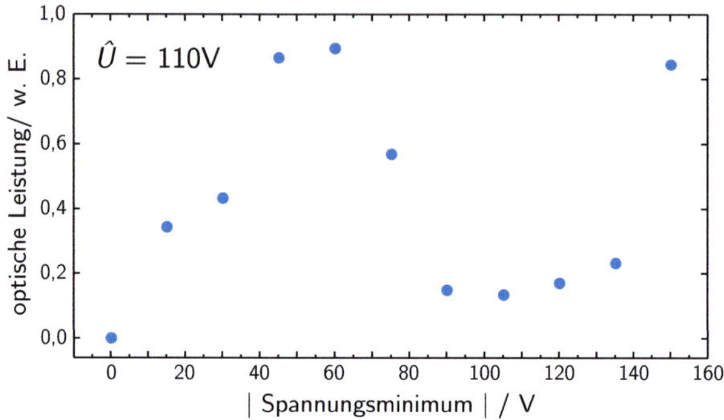



Abbildung 6.7:
Abgestrahlte optische Leistung aufgetragen über der Spannungsauslenkung des negativen Pulses $|\check{U}|$. Der Spitzenwert in positiver Richtung beträgt $\hat{U} = 110\,\mathrm{V}$.

mit irreversiblen chemischen Veränderungen des Emitters. Übersteigt die Spannung Werte von etwa 150 V, wird das Bauteil unter teilweise sehr hellem Aufleuchten unwiderruflich zerstört (Messpunkt bei $|\check{U}| = 150\,\mathrm{V}$ in Abbildung 6.7). Wegen der bereits ab etwa 110 V beginnenden Degradation wird der damit verbundene vorübergehende Anstieg der Emissionsintensität im Folgenden nicht untersucht. Das – zunächst verwunderliche – Resultat dieses Experiments ist, dass trotz der wesentlich schlechteren Injektionseffizienz der Elektronen der zugehörige Spannungsbetrag $|\check{U}|$ wesentlich geringer gewählt werden muss als der der Injektion von Löchern zugeordnete positive Spitzenwert $\hat{U}$.

### Zeitaufgelöste Messung

Verständlich wird dies bei Betrachtung der zeitaufgelösten Elektrolumineszenz in Abbildung 6.8, die den Zeitverlauf für die Spannungswerte $|\check{U}|$ =50 V, 70 V und 110 V bei konstantem Spitzenwert $\hat{U} = 110\,\mathrm{V}$ zeigt. Die drei Intensitätsskalen sind für jede Kurve einzeln normiert, das Verhältnis der abgestrahlten Leistung kann aber aus Abbildung 6.7 abgelesen werden. Die Phasenbeziehung von optischem Signal und Spannungsverlauf weist eine gewisse Unsicherheit auf, da nach Aktivierung des Triggereingangs eine gewisse Zeit für den Aufbau der Ablenkspannung benötigt wird, die dem Datenblatt des Streakkamerasystems entnommen werden kann. Zusätzlich wurde durch eine an das Triggersignal angeschlossene handelsübliche Leuchtdiode die Synchronisation überprüft, allerdings bedingt auch hier deren endliche Anstiegszeit eine konstante Verschiebung der beiden Zeitachsen in der Größenordnung von 1 μs.

Die obere Teilabbildung 6.8 zeigt die Situation bei maximaler Helligkeit. Bei positiven Spannungen ist keine nennenswerte Lumineszenz zu erkennen. Nach den obigen Betrachtungen ist von einer effizienten Löcherinjektion auszugehen, was wiederum auf eine sehr niedrige Dichte von Elektronen in den Zeitbereichen von 10 μs bis 20 μs

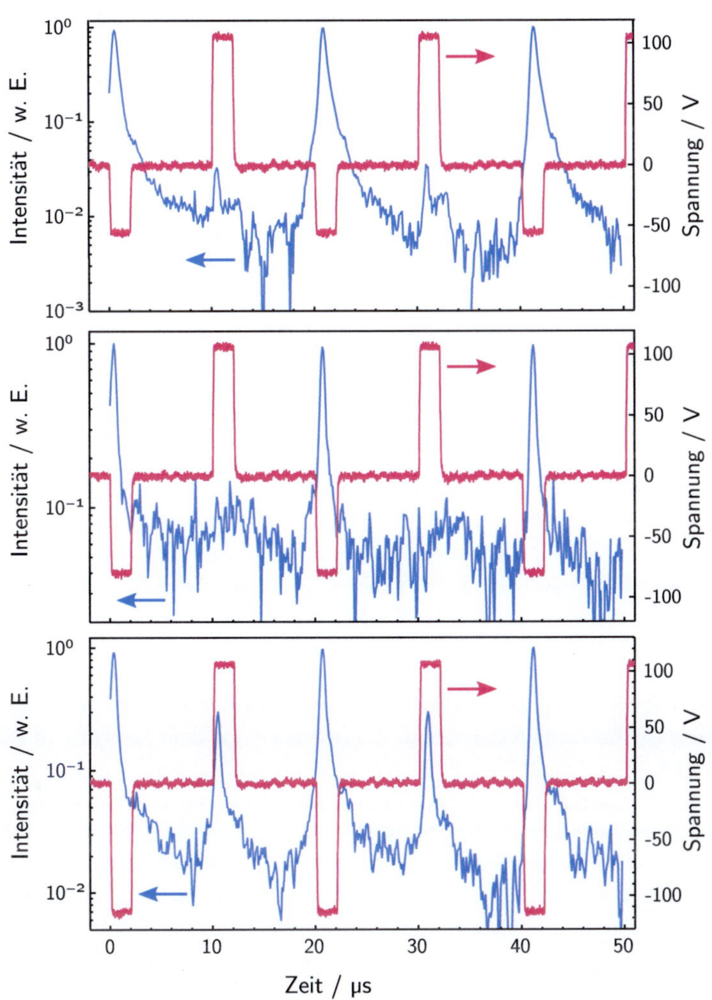

Abbildung 6.8:
Zeitabhängige Elektrolumineszenz bei verschiedenen Spitzenwerten der pulsförmigen Anregung. Der Spitzenwert des positiven Pulses beträgt $\hat{U} = 110\,\text{V}$, die negative Spannungsauslenkung 50 V, 70 V und 110 V. Die Intensität ist jeweils auf einer normierten Skala aufgetragen, das Verhältnis der abgestrahlten optischen Leistung ergibt sich aus Abbildung 6.7 Die Breiten der bei etwa $20\,\mu\text{s}$ auftretenden Maxima der Elektrolumineszenz betragen, abgelesen bei 10% des Spitzenwertes, $2{,}14\,\mu\text{s}$ (oben), $1{,}85\,\mu\text{s}$ (Mitte) und $1{,}75\,\mu\text{s}$ (unten).

bzw. von $30\,\mu$s bis $40\,\mu$s schließen lässt. Werden diese dann bei negativer Spannungspolarität injiziert (Zeitbereiche von $20\,\mu$s bis $22\,\mu$s bzw. von $40\,\mu$s bis $42\,\mu$s) führt dies zu einer hohen Rate strahlender Rekombination, die auch nach dem Abklingen der äußeren Spannung noch anhält. Die Löcherdichte ist also auch dann noch nicht erschöpft, denn deren neuerliche Injektion führt zu keiner nennenswerten Erhöhung der Exzitonen-Generationsrate, die injizierten Elektronen sind bereits mit hoher Wahrscheinlichkeit durch Rekombination vernichtet worden.

Qualitativ ändert sich der Befund wenig, wenn der Betrag des Spannungsminimums auf $|\check{U}| = 70\,$V erhöht wird (mittlere Teilabbildung). Wegen der geringeren Intensität des abgestrahlten Lichts ist das Signal stärker von Rauschen überlagert. Der wichtigste Unterschied im Vergleich zur erstbeschriebenen Messung ist die geringere Breite des Maximums der Lumineszenz, die bei der 10%-Marke jetzt $1{,}85\,\mu$s statt vorher $2{,}14\,\mu$s beträgt.

Bei symmetrischer Anregung $\hat{U} = |\check{U}| = 110\,$V zeigt sich auch ein lokales Maximum der Elektrolumineszenz im Bereich positiver Spannung, die Breite des absoluten Maximums ist weiter auf $1{,}75\,\mu$s gesunken (unterschiedliche Intensitätsskalen beachten). Im Gegensatz zur oberen Abbildung, wo die Abstrahlung zu keiner Zeit durch zu geringe Dichte an Löchern limitiert ist, ist die Verschmälerung und der niedrigere Wert der absoluten Maxima auf den größeren, aus der Schicht herausfließenden Löcherstrom zurückzuführen, in den Zeitbereichen von $22\,\mu$s bis $30\,\mu$s und von $32\,\mu$s bis $40\,\mu$s besteht eine Verarmung an Löchern, deren Injektion bei positiver Spannungspolarität in Verbindung mit den noch vorhandenen Elektronen neuerlich zu einer signifikanten Rate von Langevin-Rekombination führt. Trotz des günstigeren Tastverhältnisses ist die zeitlich gemittelte abgestrahlte optische Leistung in diesem Fall am geringsten.

Zusammenfassend ist festzustellen, dass sich durch einen höheren Betrag der negativen Spannungsauslenkung zwar die Injektion und damit die Dichte der Elektronen im aktiven Bereich erhöhen lässt, diese aber – wegen der damit verbundenen höheren Stromdichte der Löcher aus der Schicht heraus – nicht vollständig zur Erzeugung von Exziton-Zuständen genutzt werden können. Der Effekt der Löcherverarmung durch Herausströmen dominiert aufgrund deren größerer Beweglichkeit gegenüber der verstärkten Injektion von Elektronen. Der optimale Wert von $|\check{U}|$ im Verhältnis zum positiven Spitzenwert $\hat{U}$ ist gerade so groß, dass die injizierten Elektronen nahezu vollständig zur Exzitonenbildung zu Verfügung stehen, ohne dass eine Verarmung der Lochzustände eintreten würde.

## MEH-PPV

Abbildung 6.9 zeigt eine entsprechende Messung mit asymmetrischer Anregung an einer Probe mit MEH-PPV als Emitter. Die Pulshöhen und ihr Verhältnis wurden so gewählt, dass die Lumineszenzintensität maximal war. Im Vergleich erkennt man ein ähnliches Verhalten wie in Abbildung 6.8 oben, das bei Lochinjektion (positive Spannung) auftretende Maximum erreicht einen geringfügig höheren Wert. Das bei

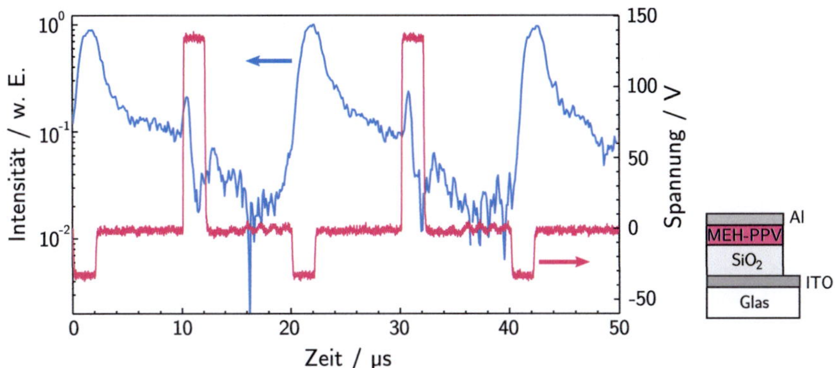


Abbildung 6.9:
Zeitabhängige Elektrolumineszenz einer Einschichtstruktur aus MEH-PPV. Maximum und Minimum der anregenden Spannung wurde so gewählt, dass die Intensität der Elektrolumineszenz maximal wurde.

negativer Spannung auftretende Maximum ist deutlich breiter als bei SuperYellow. Um optimale Lumineszenz zu erreichen, musste der Wert des Spannungsminimums deutlich kleiner gewählt werden.

Das Polymer MEH-PPV ist SuperYellow sehr ähnlich, was die Nullfeldmobiltitäten und die Injektionsbarrieren betrifft. In der Literatur findet sich für die Elektronenbeweglichkeit der Wert $\mu_e = 1 \cdot 10^{-9}\,\mathrm{cm}^2/\mathrm{V\,s}$ und der entsprechende Wert der Löcher beträgt $\mu_h = 1 \cdot 10^{-7}\,\mathrm{cm}^2/\mathrm{V\,s}$ [139, 140]. Man würde daher auch ein ähnliches Verhalten und insbesondere ein ähnliches Verhältnis von Minimum zu Maximum der anregenden Spannung bei optimaler Elektrolumineszenz erwarten. Die Erklärung könnte in der starken Feldabhängigkeit der Ladungsträgermobilität liegen, gemessen wurden $\mu_h(0{,}64\,\mathrm{MV/cm}) = 1 \cdot 10^{-5}\,\mathrm{cm}^2/\mathrm{V\,s}$ [141], während die Lochmobilität von SuperYellow bei vergleichbaren Feldstärken nur wenig ansteigt (weniger als eine Größenordnung). Bei einer anliegenden Spannung von $100\,\mathrm{V}$ erhält man eine Feldstärke von etwa $2{,}5\,\mathrm{MV/cm}$.

Man kann daher vermuten, dass durch das hohe Feld die Lochinjektion wesentlich effizienter ist als bei SuperYellow. Für optimale Elektrolumineszenz muss die Spannung während der Elektroneninjektion niedriger gewählt werden, andernfalls würde die Löcherbeweglichkeit zu groß und die Löcherverarmung würde schneller einsetzen. Über die Feldabhängigkeit der Elektronenmobilität ist wenig bekannt. Man kann aber annehmen, dass diese trotz der niedrigeren Feldstärke vergleichbar gut injiziert werden wie bei SuperYellow unter den in Abbildung 6.8 (oben) gezeigten Bedingungen. Daraus resultiert ein ähnliches Verhältnis der Lumineszenzmaxima.

Die Breite des bei Elektroneninjektion auftretenden Elektrolumineszenzmaximums kann ebenfalls durch die starke Feldabhängigkeit der Löchermobilität erklärt werden.

Da die anliegende Feldstärke wesentlich niedriger ist als bei Löcherinjektion, ist die Beweglichkeit der Löcher auch geringer. Daher werden sie effizient injiziert, haben beim Herausfließen jedoch eine geringere Mobilität. Ihre Dichte in der organischen Schicht nimmt folglich langsamer ab.

**Fazit**

Die bezüglich der Ladungsträgerpolarität ungleichen Eigenschaften der Struktur, insbesondere die unterschiedlichen Ladungsträgermobilitäten, führen zu einer unausgeglichenen Ladungsträgerbilanz, die die Bildung von Exzitonen und damit die Intensität der Lumineszenz entscheidend begrenzt. Im Einschichtemitter kann die Bilanz durch eine asymmetrische Form der Anregungsspannung verbessert werden. Dabei ist zu beachten, dass die Ladungsträgerbeweglichkeit neben der Leitfähigkeit auch die Injektionseffizienz bestimmt (siehe Abschnitt 2.4.1). Bei den beiden hier beschriebenen Polymeren ist die durch Injektion erreichbare Dichte an Elektronen wesentlich kleiner als die der Löcher; daneben ist die Löcherleitfähigkeit größer. Es zeigt sich eine optimale Abstrahlung, wenn die Form der Spannung so gewählt wird, dass die im Emitter befindlichen Elektronen möglichst vollständig zur Bildung von Exzitonen genutzt werden. Für die Höhe der angelegten (hier negativen) Spannung bedeutet das einen Kompromiss zwischen möglichst großem Elektronen-Injektionsstrom und hinreichend kleinem entgegengesetzt fließendem Löcherstrom. Damit wird ein Überschuss der schwer injizierbaren Elektronen zu jeder Zeit vermieden. Daher sind für die kapazitive Anregung organische Halbleiter mit möglichst symmetrischen Ladungsträgermobilitäten zu bevorzugen.

## 6.3 Doppelschichtemitter

Als Doppelschichtemitter werden im Folgenden Bauteile mit zwei aktiven Schichten bezeichnet, die kapazitiv über elektrisch isolierte Elektroden angeregt werden, die nötigen Ladungsträger also innerhalb des Bauteils erzeugt werden (vergl. Abschnitt 2.8.3). Weil es sich um kapazitiv angeregte, lichtemittierende organische Bauteile (engl. „devices") handelt, bietet sich als Bezeichnung auch das Kunstwort KapO-LED an. Die Anregung geschieht durch die feldinduzierte gleichzeitige Injektion eines Loches und eines Elektrons von einer leitenden Zwischenschicht in die Halbleiterschichten (siehe linke Teilabbildung 6.2).

Wie erwähnt, kommt als leitfähige Generationsschicht Metall prinzipiell in Frage, allerdings sind die zu erwartenden Verluste durch Absorption hoch, zumal es sich dann auch nahe des Intensitätsmaximums der optischen Wellenleitermode befindet. Deshalb wurde ITO als leitfähiges Material zur Erzeugung der Ladungsträger präferiert. Es lässt sich jedoch wegen der Empfindlichkeit der organischen Materialien gegenüber hohen Temperaturen nur unter großen Schwierigkeiten als Schicht direkt auf das Polymer aufbringen. Dieses Problem kann durch die Verwendung von ITO-

Nanopartikeln umgangen werden, die sich in Isopropanol dispergiert leicht verarbeiten lassen. Ihr mittlerer Durchmesser liegt bei 50 nm. Ein Vorteil der Nanopartikel ist die große Grenzfläche zum Halbleiter, schließlich findet dort die Injektion statt.

Allerdings ist trotz der Transparenz wegen des Brechzahlkontrasts mit mehr oder weniger starker Streuung (Mie-Streuung) zu rechnen, welche das im Wellenleiter geführte Licht durch zufällige Richtungsänderung des Wellenvektors auskoppelt. Bei organischen Leuchtdioden ist eine solche Auskopplung oftmals erwünscht, da das isotrop emittierte Licht genutzt wird und die Wellenleitung innerhalb der Schicht ein Verlustprozess ist [142–148]. Im Gegensatz dazu ist bei Lasern das unkontrolliert gestreute Licht im Allgemeinen verloren, weshalb hier möglichst verlustarme Wellenleiter notwendig sind.

## 6.3.1 Wellenleitereigenschaften

Der Einfluss der Streuung durch das Einbringen der Nanopartikel lässt sich durch Messung der Wellenleiterdämpfung mit Hilfe der Strichlängenmethode (Abschnitt 5.1) untersuchen. Dazu wurden elektrodenlose Teststrukturen hergestellt, bei denen ebenfalls auf die zweite Isolationsschicht auf der Oberseite der aktiven Schicht(en) verzichtet worden ist, um die Komplexität gering zu halten.

Verglichen wurde ein einfacher SuperYellow-Film mit einer Dicke von 130 nm – bezeichnet als Einschicht-Struktur (ES) – mit einer Struktur aus zwei SuperYellow-Schichten mit dazwischen befindlichen Nanopartikeln, in Abbildung 6.10 bezeichnet als NP. Da sich der substratseitige Polymerfilm beim Auftragen des zweiten wieder anlöst, ist die Gesamtdicke der drei Schichten kaum größer als die des einzelnen Films. Da das Polymer SuperYellow keine optische Verstärkung aufweist, ist die aufgetragene Verstärkung $g(\lambda)$ identisch mit dem negativen Extinktionskoeffizienten $-\alpha_{ex}(\lambda)$.

### Einfluss des Lithiumfluorid-Isolators

Zunächst interessant ist der Vergleich des Spektrums der nanopartikelfreien Struktur (ES) mit der in Abschnitt 5.1.4 beschriebenen Messung an einer ähnlichen Struktur (Abbildung 5.4), die sich nur durch eine zusätzliche Schicht aus Lithiumfluorid von dem in Abbildung 6.10 gezeigten Einschicht-Emitter (ES) unterscheidet. Bei letzterer nimmt die Dämpfung zu großen Wellenlängen hin erheblich stärker zu, während der spektrale Verlauf im Wellenlängenbereich unterhalb von etwa 580 nm sehr ähnlich ist. Auch der Minimalwert der Dämpfung ist bei den beiden Proben nahezu gleich groß, er beträgt etwa $g = -13\,\mathrm{cm}^{-1}$. Als Vergleichswert findet man in der Literatur für einen MEH-PPV-Film einen Wert von 80 dB/cm, entsprechend $g = -18{,}4\,\mathrm{cm}^{-1}$, gemessen bei einer Wellenlänge von 633 nm [110].

Die Zunahme der Dämpfung im langwelligen Bereich wird erklärt durch die wellenlängenabhängigen räumlichen Profile der Wellenleitermoden. Diese wurden mit Hilfe der Transfermatrix-Methode [38] berechnet und die relevanten Füllfaktoren der einzelnen Schichten in Tabelle 6.1 angegeben. Betrachtet wurden nur TE-Moden, die

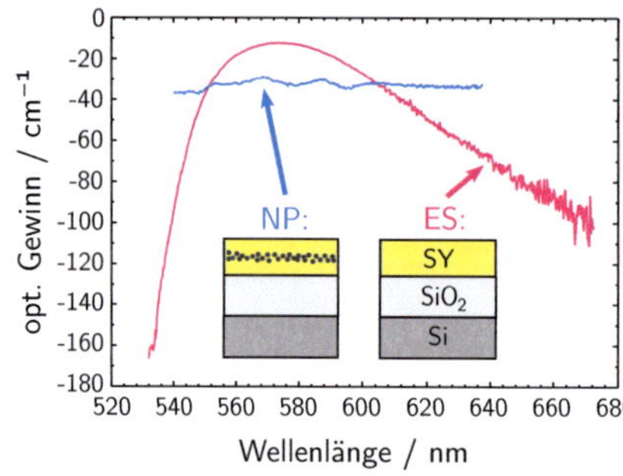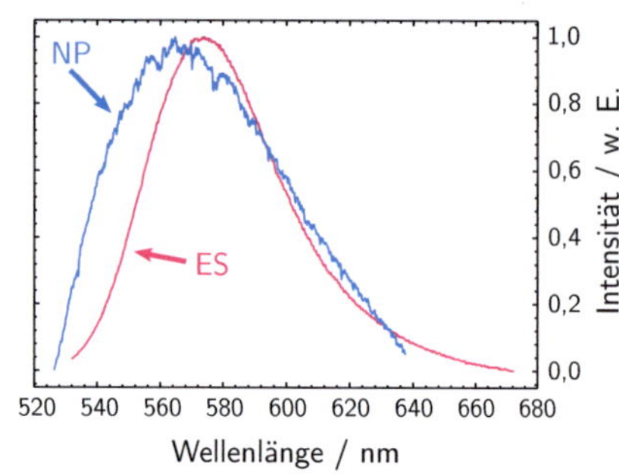

Abbildung 6.10:

Links: Verlustspektren $g(\lambda) = -\alpha_{ex}(\lambda)$ des SuperYellow-Films (Einschicht-Emitter, ES) und der Doppelschicht mit ITO-Nanopartikeln (NP). Rechts: Spektrale Verteilung des aus der Kante emittierten Lichts. Aufgrund der Abhängigkeit des SuperYellow-Photolumineszenzspektrums von der Morphologie des Films und der dielektrischen Umgebung ist dieses durch die ITO-Nanopartikel breiter und zu kurzen Wellenlängen hin verschoben.

Wellenleiter sind monomodig. Anhand der Tabelle erkennt man, dass die Wellenleitermode der ES-Probe bei 660 nm hauptsächlich innerhalb der Siliziumdioxid-Schicht (Dicke 600 nm) lokalisiert ist. Die Dämpfung kommt durch die Nähe zum absorbierenden Siliziumsubstrat zu Stande, die Intensität der Mode ist an der Grenzfläche noch nicht vollständig abgeklungen. Dagegen hat das Substrat bei einer Wellenlänge von 570 nm keinen Einfluss. Wichtig ist die Anmerkung, dass die Grenzwellenlänge des Wellenleiters (engl. „cut-off") hier nicht erreicht wird, es existieren auch bei Wellenlängen über 660 nm geführte optische Moden.

Durch eine zusätzliche Deckschicht aus Lithiumfluorid bleibt die räumliche Verteilung der Intensität der Mode auch bei größeren Wellenlängen hauptsächlich im Bereich der aktiven Schicht, auch wenn ihre Ausdehnung insgesamt zunimmt. Im betrachteten Wellenlängenbereich spielt hier das Substrat keine Rolle.

### Einfluss der Nanopartikel

Betrachtet man die Messergebnisse der Probe NP in Abbildung 6.10, fällt die im Spektralbereich 550 nm . . . 610 nm durch Streuverluste deutlich erhöhte Wellenleiterdämpfung auf. Die beiden Kurven schneiden sich in zwei Punkten. Wegen der morphologieabhängigen Photolumineszenz des Polymers SuperYellow [149] führt die Zugabe der Nanopartikelschicht zu einer Blauverschiebung (rechte Teilabbildung), die sich auch im Dämpfungsspektrum auswirkt. Warum die Dämpfung oberhalb von 610 nm bei der Nanopartikelprobe geringer ist, lässt sich nicht ohne weiteres erklären. Der Einfluss der Nanopartikel auf das Modenprofil, die etwas größere Schichtdicke und die wegen des geringen Signals in diesem Bereich relativ hohe Messunsicherheit mögen

|        | Wellenlänge | Einschichtstruktur Abbildung 6.10 | mit LiF-Deckschicht Abbildung 5.4 |
|--------|-------------|-----------------------------------|-----------------------------------|
| SiO$_2$ | 570 nm | 37 % | 26 % |
| SY     | 570 nm | 56 % | 57 % |
| LiF    | 570 nm | –    | 17 % |
| SiO$_2$ | 660 nm | 50 % | 33 % |
| SY     | 660 nm | 43 % | 48 % |
| LiF    | 660 nm | –    | 19 % |

Tabelle 6.1:
Modale Füllfaktoren der jeweiligen Schichten, berechnet mit Hilfe der Transfer-Matrix-Methode für die SuperYellow-Struktur mit und ohne Deckschicht aus Lithiumfluorid.

eine Rolle spielen.

Im direkten Vergleich der beiden Proben führt das Einbringen der Nanopartikel zu einer Erhöhung der minimalen optischen Dämpfung von $\hat{g}^{ES} = -13\,\mathrm{cm}^{-1}$ auf etwa $\hat{g}^{NP} = -38\,\mathrm{cm}^{-1}$. Die Zunahme ist im Wesentlichen auf Streueffekte zurückzuführen. Deren Konsequenzen im Hinblick auf Laseranwendungen werden in Abschnitt 6.3.8 diskutiert.

## 6.3.2 Kapazitive Anregung

### Proben

Zur Untersuchung der kapazitiv angeregten Elektrolumineszenz wurden Bauteile mit der in Abbildung 6.11 (rechts) gezeigten Struktur hergestellt. Die Anregung erfolgte hier wegen des günstigeren Tastverhältnisses sinusförmig, da sich mit der in Abschnitt 6.2.2 vorgestellten asymmetrischen Signalform nur eine der beiden Teilstrukturen effizient anregen ließe. Die Spannungsamplitude ist so gewählt, dass die Lumineszenz möglichst hell und doch noch stabil ist, die günstigste Frequenz erhält man ebenfalls durch Versuchsreihen. Die zu möglichst großer Helligkeit führende Konzentration der Nanopartikellösung wurde experimentell ermittelt und bei allen hier beschriebenen Proben beibehalten.

Mit einer kalibrierten Kamera wurde die Leuchtdichte bestimmt. Sie beträgt unter den beschriebenen Bedingungen reproduzierbar ca. 400 cd/m$^2$, bei einzelnen Proben liegt sie noch deutlich höher. Speziell bei Proben mit der in Abbildung 6.11 (rechts) dargestellten Struktur führte eine geringere Dichte an Nanopartikeln zu einer wesentlich schwächeren Elektrolumineszenz [150].

Die Ladungsträgerbarrieren des Übergangs von ITO zu SuperYellow sind mit $\Phi_e^{ITO} = 1{,}9\,\mathrm{eV}$ und $\Phi_h^{ITO} = 0{,}4\,\mathrm{eV}$ ungünstiger gelegen als bei dem für die Einschichtemitter

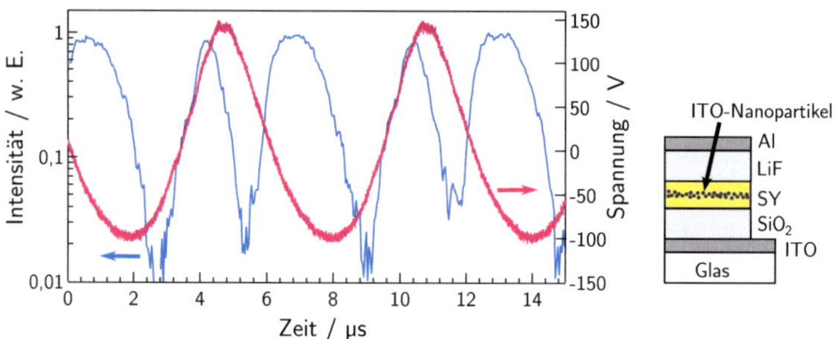


Abbildung 6.11:
Zeitabhängige Elektrolumineszenz des Doppelschichtemitters bei sinusförmiger Anregung, der zeitliche Spannungsverlauf ist ebenfalls eingezeichnet.

verwendeten Aluminium, die Barriere der Elektronen ist also noch deutlich höher. Experimente mit Einschichtemittern mit ITO- und Aluminiumelektroden zeigen allerdings in Übereinstimmung mit dem Simulationsmodell einen ähnlichen zeitlichen Verlauf der Elektrolumineszenz [151].

Bei allen elektrisch angeregten Proben ist die chemische Zersetzung während des Betriebs, bedingt durch Luftfeuchtigkeit und Sauerstoff, ein die Lebensdauer und wohl auch die Helligkeit begrenzender Faktor. Das trifft besonders auf die Proben mit Nanopartikeln zu, die nach einigen Betriebsminuten bereits zerstört sind. Im Gegensatz dazu sind verkapselte, optisch angeregte Strukturen (siehe Abschnitt 6.3.1) auch mit Nanopartikeln über lange Zeit stabil.

**Zeitabhängige Elektrolumineszenz**

Der mit Hilfe der Streakkamera aufgenommene zeitliche Verlauf der Elektrolumineszenz ist zusammen mit der Anregungsspannung in der linken Teilabbildung 6.11 zu sehen. Wegen des symmetrischen Aufbaus der Struktur erwartet man auch eine symmetrische, also polaritätsunabhängige Elektrolumineszenz, genauer eine Überlagerung der Kurve aus Abbildung 6.3 mit einem identischen, allerdings um 180° phasenverschobenen Zeitverlauf. Diese Erwartung ist nicht vollständig erfüllt, zwar sind die jeweiligen Maximalwerte etwa gleich, ihre Form ist jedoch deutlich von der Polarität des elektrischen Felds abhängig.

Diese Tatsache verwundert nicht, denn ein ideal symmetrisch aufgebautes Element kann mit den verfügbaren Mitteln auf Polymerbasis nicht hergestellt werden. Erstens ist die räumliche Größe der Nanopartikel mit einem mittleren Durchmesser von 50 nm keineswegs klein gegenüber der Gesamtdicke der Emitterschicht (100 nm...130 nm) und zweitens lässt sich das Anlösen der ersten Polymerschicht beim Aufbringen der zweiten nicht vermeiden. Letzteres ist bei der Flüssigprozessierung (gleicher Polymere) nur durch dauerhafte Vernetzung des zuerst aufgebrachten Polymers möglich. Dieses Problem wird auch anhand der gemessenen Schichtdicken deutlich, denn die Gesamtdicke der Schichtfolge SuperYellow – Nanopartikel – SuperYellow liegt kaum über der einer einzelnen SuperYellow-Schicht, die unter den gleichen Bedingungen aufgebracht wurde.

Eine weitere Lösungsmöglichkeit liegt in der Verwendung von Emittermaterialien, die durch Sublimation abgeschieden werden können, was auf die Materialklasse kleine Moleküle zutrifft. Anforderungen, die sich aus Abschnitt 6.2 ergebenden, schränken jedoch die Materialauswahl stark ein, denn neben geeigneten Energieniveaus dürfen sich die Ladungsträgermobilitäten beider Polaritäten nicht zu sehr unterscheiden. In Experimenten mit verfügbaren und möglicherweise geeigneten Stoffen dieser Klasse[3] gelang es nicht, feldinduzierte Elektrolumineszenz zu beobachten.

**Materialkombinationen**

Die Kombination unterschiedlicher organischer Halbleiter innerhalb einer Doppelemitterstruktur eröffnet prinzipiell die Möglichkeit, Informationen über die räumliche Verteilung der Exzitonendichte und damit über die der Ladungsträger aus dem zeitaufgelösten Elektrolumineszenzspektrum zu gewinnen. Darüber hinaus ergeben sich interessante Anwendungen, die in Abschnitt 6.3.8 diskutiert werden. Trifft die in Abschnitt 6.2 ausgeführte Annahme zu, die Doppelemitterstruktur lasse sich durch zwei zusammengesetzte Einfachemitter-Elemente beschreiben (siehe auch Abbildung 6.2), kann durch Kombination von Materialien unterschiedlicher Emissionswellenlängen die Überlagerung der einzelnen asymmetrischen Zeitverläufe zu dem symmetrischen resultierenden Zeitverlauf durch Spektroskopie nachvollzogen werden. Durch Messreihen an Proben mit kombinierten Emittern und Variation der jeweiligen Schichtdicken kann, wie oben erwähnt, auf die räumliche Ladungsträgerverteilung geschlossen werden.

## 6.3.3 Farbstoffdotierung

In diesem Zusammenhang ist die Farbstoffdotierung (siehe Abschnitt 3.3) der aktiven Polymere besonders interessant, da sich so die Emissionswellenlänge unter geringer Beeinflussung der Transporteigenschaften des Materials manipulieren lässt. Tatsächlich beobachtet man allerdings, dass insbesondere die Elektronenmobilität von SuperYellow durch Farbstoffdotierung beeinflusst (in diesem Fall vermindert) wird [138].

Ein aus einem PPV-Derivat und dem Farbstoff DCM bestehendes Gast-Wirt-System mit effizientem Förstertransfer wurde bereits beschrieben [152]. Für das Experiment wurde als Farbstoff DCM2[4] gewählt, dessen Absorption sich spektral gut mit der Emission von SuperYellow deckt und dem DCM chemisch sehr ähnlich ist.

---

[3]Dies waren die Substanzen TPD (siehe Abschnitt 2.1.4) und $Alq_3$ (siehe Abschnitt 3.3).

[4]4-(Dicyanomethylen)-2-Methyl-6-(Julolidin-4-yl-Vinyl)-4H-Pyran

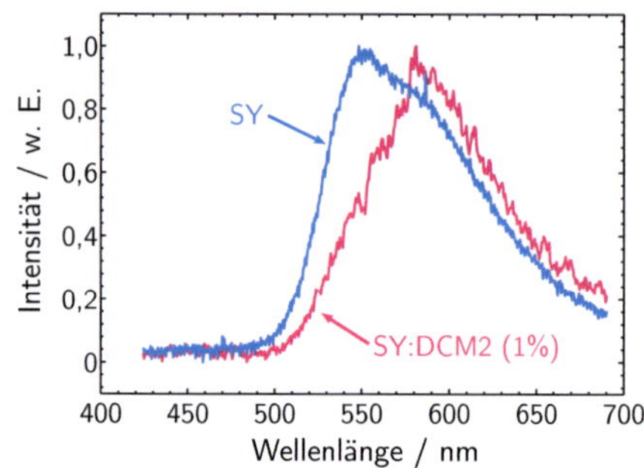


Abbildung 6.12:
Elektrolumineszenzspektren des Polymers SuperYellow mit und ohne Farbstoffdotierung mit DCM2. Die massebezogene Konzentration des Dotanden beträgt 1%.
Die Emission erfolgt über den Farbstoff, die direkte Lumineszenz des Polymers ist
unterdrückt.

In Abbildung 6.12 ist das Elektrolumineszenzspektrum einer Einschichtemitter-
Struktur aus mit DCM2 dotiertem SuperYellow (1% massebezogen) im Vergleich zu
reinem SuperYellow zu sehen. Das Signal der farbstoffdotierten Probe ist deutlich
rotverschoben und schwächer und stammt vom Farbstoff DCM2, die Lumineszenz
des Wirts SuperYellow ist unterdrückt. Im Gegensatz [153] zu $Alq_3$:DCM konnte eine
Erhöhung der Quanteneffizienz nicht beobachtet werden.

**Zeitaufgelöste Photolumineszenz**

Hinweise auf den Anregungstransfermechanismus ergeben sich aus der zeitaufgelösten Photolumineszenzmessung, gezeigt in Abbildung 6.13. Die linke Teilabbildung
zeigt den Zeitverlauf bei der Wellenlänge 550 nm für das reine sowie das farbstoffdotierte Material. Die Fluoreszenz von reinem SuperYellow fällt mit einer Zeitkonstante
$\tau_{SY} \approx 1{,}2$ ns ab (s. nächsten Abschnitt), während die entsprechende Zeitkonstante des
dotierten Systems fast eine Größenordnung kleiner ist, wegen des nicht-exponentiellen
Verlaufs und wegen des starken Rauschens ist sie hier nicht genauer bestimmt. Die
Fluoreszenzlebensdauer von DCM2 hängt genau wie bei DCM von der Polarität der
umgebenden Matrix ab [154]. Für das ähnliche DCM findet man in der Literatur Lebensdauern von 10 ps (DCM gelöst in Hexan) über 800 ps [117] bei $Alq_3$:DCM bis zu
5 ns bei DCM in Methanol-Lösung [155]. Selbst die bei $Alq_3$:DCM ermittelten Werte
variieren deutlich, bis zu 5 ns werden gemessen [116].

Genaueren Aufschluss über den Anregungsprozess gibt die rechte Teilabbildung
6.13, die die gesamten Spektren der farbstoffdotierten Schicht zu den Zeiten 40 ps,
170 ps und 380 ps zeigt, die Zeiten beziehen sich auf die Verzögerung nach dem anregenden Laserpuls. Direkt nach der Anregung („0 ps") und auch noch nach 40 ps ist
noch deutlich Lumineszenz von SuperYellow mit einem Maximum bei der Wellen-

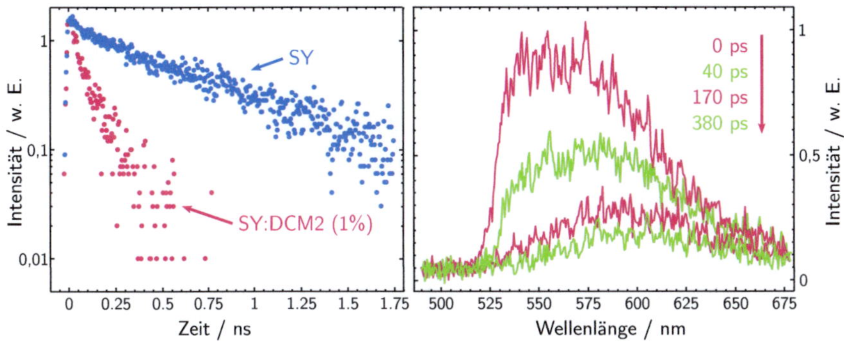

Abbildung 6.13:
Links: Zeitabhängige Photolumineszenz von SuperYellow mit und ohne Farbstoff-
dotierung mit DCM2. Die Werte wurden jeweils im spektralen Maximum gemessen.
Rechts: Zeitentwicklung des Photolumineszenzspektrums von SY:DCM2.

länge von etwa 550 nm zu sehen, die Emission verschiebt sich im Zeitverlauf hin zu
längeren Wellenlängen. Nach 170 ps bleibt das Spektrum unverändert und lässt sich
der DCM2-Emission zuordnen. Die DCM-Moleküle werden also nicht direkt angeregt,
sondern zeigen Fluoreszenz nach einer Zeitverzögerung wegen der indirekten Anregung über Energietransfer von der Polymermatrix. Dieses Zeitverhalten ist typisch
für ein Gast-Wirt-System mit strahlungslosem Förster-Transfer und wird so auch bei
$Alq_3$:DCM beobachtet [111].

## Zeitaufgelöste Elektrolumineszenz

Mit diesen Erkenntnissen wurde eine Doppelemitterstruktur hergestellt und dabei die
obere der beiden SuperYellow-Schichten mit DCM2 farbstoffdotiert (1% massebezogen). Diese wurde über die elektrisch isolierten Elektroden kapazitiv angeregt, das
zeitabhängige Elektrolumineszenzsignal ist in Abbildung 6.14 gezeigt, zusammen mit
einer Schemazeichnung der Struktur. Der Zeitverlauf ähnelt stark dem der Doppelstruktur mit reinem SuperYellow, zu sehen in Abbildung 6.11. Die maßgeblichen Parameter Ladungsträgermobilitäten, deren Feldabhängigkeit und die Injektionsbarrieren
scheinen daher nur gering durch den Farbstoff beeinflusst zu sein. Das Emissionsspektrum ist aber identisch mit dem des dotierten Einschichtemitters (Abbildung 6.12).
Das bedeutet, der Farbstoff diffundiert auch in die erste Schicht ein, so dass Emission
des reinen Polymers nicht beobachtet werden kann. Ist beabsichtigt, mit Hilfe der
Farbstoffdotierung die Lumineszenz einer einzelnen Schicht SuperYellow (oder ähnlichen Polymeren) zu verändern, müssen die verbleibenden Filme unlöslich gemacht
werden, um das Eindiffundieren des Farbstoffs zu vermeiden. Diese Möglichkeit wird
im Abschnitt 6.3.8 diskutiert.

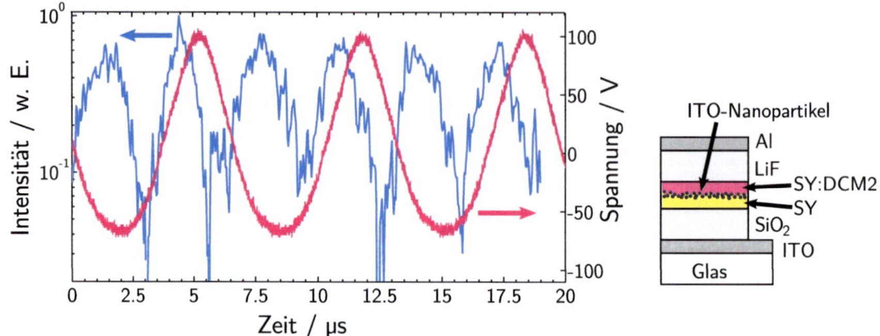

Abbildung 6.14:
  Zeitabhängige Elektrolumineszenz der Doppelstruktur mit den Emittern SuperYellow und SuperYellow:DCM2

### 6.3.4 Kombination verschiedener Polymere

Die Kombination mehrerer verschiedener Emitter ist neben der Farbstoffdotierung
eine weitere Möglichkeit, die Emission einzelner Schichten innerhalb der Doppelemitterstruktur getrennt zu untersuchen. Die Materialauswahl ist auf Grund der in
Abschnitt 6.2 ermittelten Anforderungen an Mobilitäten und Energieniveaus eingeschränkt. Das Problem der sich beim Aufschleudern der zweiten Schicht anlösenden
ersten besteht natürlich auch hier. Naheliegend wäre eine Hybridstruktur aus Polymer und kleinen Molekülen, denn letztere können durch Aufdampfen abgeschieden
werden. Wie bereits erwähnt standen dafür geeignete Stoffe nicht zu Verfügung. Eine
weitere Möglichkeit ist die Verwendung von Polymeren, die sich in sogenannten ortho-
gonalen Lösungsmitteln lösen. Das bedeutet, die als erstes aufgebrachte Schicht ist im
Lösungsmittel des anderen Materials unlöslich und wird deshalb nicht angegriffen. Damit lassen sich zwei Polymerschichten aufeinander abscheiden. Dieses Verfahren wird
bei Polymer-OLED regelmäßig angewendet um den Emitter mit dem wasserlöslichen,
als Lochleiter dienenden Polymer PEDOT:PSS zu kombinieren. Daher wurden auch
Strukturen mit dem wasserlöslichen Emitterpolymer [156] PPP[5] hergestellt, entsprechende Elektrolumineszenz konnte allerdings nicht beobachtet werden. Offensichtlich
lassen also die Materialeigenschaften keine effiziente Injektion in der gewünschten
Bauteilstruktur zu.

**Proben**

Da die Auswahl an wasserlöslichen Polymeren beschränkt ist, fiel die Wahl auf das
Polymer MEH-PPV, ebenfalls ein PPV-Derivat und SuperYellow ähnlich in den die
Injektion bestimmenden Eigenschaften. Die Lösungseigenschaften sind ebenfalls ähn-

---

[5]Poly(2,5-bis(3-sulfonatopropoxy)-1,4-phenylene, disodium salt-alt-1,4-phenylene)

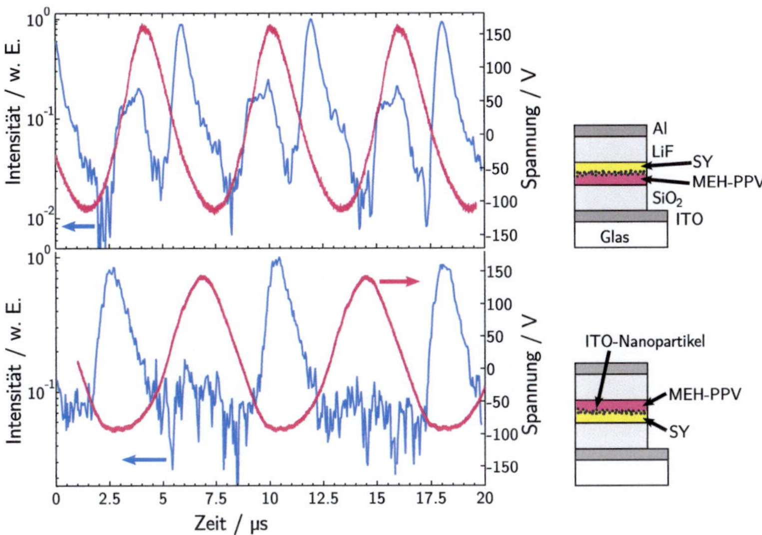



**Abbildung 6.15:**
Zeitaufgelöste Elektrolumineszenz und Zeitverlauf der anregenden Spannung für zwei Strukturen mit kombinierten Emittern. Oben: Das glasseitige MEH-PPV wurde zuerst aufgebracht. Damit sind Vorteile in der Herstellung verbunden, jedoch wird eine mögliche Lumineszenz der oberen Emitterschicht wieder teilweise absorbiert. Unten: Umgekehrte Reihenfolge – herstellungsbedingt vermischen sich die Polymere.

lich, allerdings löst sich MEH-PPV in Toluol deutlich schlechter. Wenn möglich wurde es daher in Dichlorbenzol-Lösung verarbeitet.

**Zeitabhängige Elektrolumineszenz**

In Abbildung 6.15 ist die zeitabhängige Elektrolumineszenz von zwei Doppelemitter-Bauelementen aufgetragen. Bei beiden wurden die aktiven Schichten durch aufeinander folgendes Aufschleudern hergestellt, SuperYellow war in Toluol, MEH-PPV in Dichlorbenzol und die Nanopartikel in Isopropanol gelöst. Mit Blick auf die Herstellung ist die Struktur in der oberen Teilabbildung günstiger, da sich MEH-PPV relativ schlecht in Toluol löst und man somit hoffen kann, dass die glasseitige Schicht beim Aufschleudern der zweiten (SuperYellow) erhalten bleibt. Problematisch ist dabei die Auskopplung des emittierten Lichts durch das Glas, denn das von dem metallseitigen Emitter abgestrahlte Licht wird vom MEH-PPV wieder teilweise absorbiert, die Absorptions- und Lumineszenzspektren sind in Abbildung 6.16 zu sehen. Damit wäre die Struktur in der unteren Teilabbildung zu bevorzugen, allerdings ist Dichlorbenzol ein hervorragendes Lösungsmittel für beide Polymere, darüber hinaus trocknet es noch sehr langsam (im Vergleich zu Toluol). Daher ist bei der unteren Teilabbildung von einem Polymergemisch auszugehen.

Der Zeitverlauf der ersten Struktur (Abbildung 6.15 oben) zeigt eine viel deutlicher ausgeprägte Asymmetrie als das entsprechende Element mit zwei SuperYellow-Schichten (Abbildung 6.10) oder mit zwei MEH-PPV-Schichten (hier nicht gezeigt, der Verlauf ist dem der SuperYellow-Struktur sehr ähnlich). Das hier ebenfalls nicht gezeigte Spektrum lässt nur den Emitter MEH-PPV erkennen.

Die Elektrolumineszenzkurve der in der unteren Teilabbildung dargestellten Struktur ist deutlich stärker von Rauschen überlagert, so dass die lokalen Maxima bei positiver Spannung nur schwach ausgeprägt sind. Das Verhältnis der Maxima bei positiver zu denen bei negativer Spannung liegt jedoch bei beiden Kurven in Abbildung 6.10 bei etwa 10; beide Strukturen zeigen somit eine ähnliche Asymmetrie. Die Messfrequenz ist bei den beiden Kurven nicht identisch, sie wurde jeweils auf den günstigsten Wert eingestellt. Durch die Wahl der Frequenz wird auch die Phasenverschiebung zwischen optischem und elektrischem Signal beeinflusst. Die geringere Effizienz des unteren Bauteils hängt wohl mit dessen erschwerter Herstellung zusammen. Zusammenfassend ist festzustellen, dass die Struktur der untersuchten Bauteile deutlich von dem idealen symmetrischen Aufbau abweicht, da andernfalls der Zeitverlauf der Lumineszenz nicht von der Polarität der anliegenden Spannung abhängen würde. Zudem lässt sich eine Vermischung der aufeinander abgeschiedenen Halbleiter mit den zu Verfügung stehenden Möglichkeiten nicht vermeiden.

Das Polymergemisch aus SuperYellow und MEH-PPV zeigt jedoch interessante Eigenschaften, die im Folgenden beschrieben sind. In Abschnitt 6.3.8 wird die Möglichkeit diskutiert, durch Vernetzung der Polymere der Realisierung der gewünschten Struktur näher zu kommen.

## 6.3.5 Eigenschaften des Polymergemischs

Zunächst wurden die beiden PPV-Derivate gleichzeitig in Dichlorbenzol gelöst und für die Photolumineszenzexperimente als homogene Schicht auf ein Glassubstrat abgeschieden. Es zeigte sich, dass ein Anteil von 1 % MEH-PPV (bezogen auf die Masse) ausreicht, die Emission in dem für SuperYellow typischen Wellenlängenbereich zu unterdrücken. Daher wurde dieses Mischungsverhältnis für die weiteren Experimente beibehalten.

In Abbildung 6.16 sind die Spektren der Absorption (gemessen mit einem kommerziellen Absorptionsspektrometer in Transmissions-Geometrie) und der Photolumineszenz jeweils für die Mischung und deren Komponenten gezeigt. Die Emission der Komposit-Schicht liegt spektral zwischen der der beiden Bestandteile und kann nicht durch deren einfache Linearkombination zu Stande kommen. In der Form gleichen sich die Spektren von MEH-PPV und dem Gemisch weitgehend. Eine Elektrolumineszenzmessung an dem Materialgemisch führt zum gleichen Emissionsspektrum. Das Maximum der Absorption ist im Vergleich zum SuperYellow leicht rotverschoben, ein dem Meh-PPV entsprechendes zweites lokales Maximum ist nicht zu erkennen.

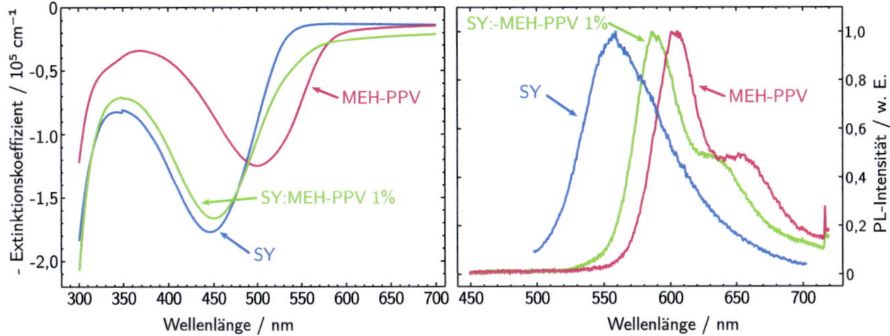


Abbildung 6.16:
Links: Absorptionsspektren von Filmen der einzelnen Komponenten SuperYellow und MEH-PPV und des Gemischs. Aus Konsistenzgründen wurde der negative Extinktionskoeffizient aufgetragen. Rechts: Normierte Photolumineszenzspektren der drei Filme. Die Abstrahlung des Gemischs liegt spektral zwischen der der einzelnen Komponenten.

**Zeitaufgelöste Photolumineszenz**

Da die sich spektral zwischen den beiden Komponenten befindende Emission nicht durch einfache Überlagerung erklärt werden kann, muss der Abstrahlung des Gemischs ein anderer physikalischer Prozess zugrunde liegen. Ein solcher kann oft anhand der Zerfallsdynamik identifiziert werden, deshalb wurde die Photolumineszenz des Gemischs und der beiden einzelnen Komponenten in einem weiteren Experiment auch zeitlich aufgelöst erfasst.

Die Ergebnisse sind in Abbildung 6.17 gezeigt, im rechten Teil ist die Intensität des von den beiden Komponenten jeweils abgestrahlten Lichts logarithmisch über der Zeit aufgetragen. Dabei wurde jeweils ein enger spektraler Bereich (einige nm) um das Maximum erfasst. In der linken Teilabbildung ist eine entsprechende Auftragung des Komposits sowie die Zeitentwicklung von dessen Emissionsspektrum zu sehen. Verglichen mit dem farbstoffdotierten System (Abbildung 6.13) ist die mit der Zeit fortschreitende spektrale Rotverschiebung geringer, ein von SuperYellow allein stammendes Spektrum tritt hier zu keiner Zeit auf.

Die Intensitäts-Zeit-Diagramme sind wie folgt zu verstehen: Betrachtet man einen einzelnen Übergang $\overset{*}{S} \to S$, erwartet man bei spontanem Zerfall eine zeitlich konstante Rate $\frac{1}{\tau}$:

$$\frac{\partial \overset{*}{N}}{\partial t} = \frac{1}{\tau} \cdot \overset{*}{N}.$$
(6.1)

Dabei bezeichnet $\overset{*}{N}$ die Dichte der besetzten angeregten Zustände. Es folgt ein zeitlich exponentielles Abklingen der Anregungsdichte $\overset{*}{N}$ sowie der Übergangsdichte $\frac{\partial \overset{*}{N}}{\partial t}$,

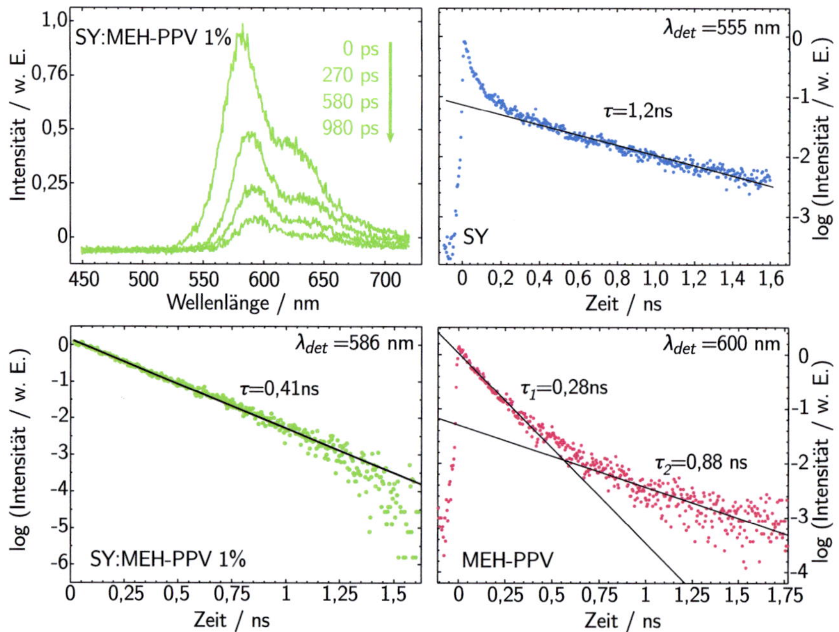


Abbildung 6.17:

Links: Zeitaufgelöstes Photolumineszenzsignal des Polymergemischs. Oben ist die Zeitentwicklung des Spektrums zu sehen. Links unten aufgetragen ist die Intensität des spektralen Maximums ($\lambda_{det} = 586\,\text{nm}$) über der Zeit, sie fällt in guter Näherung monoexponentiell ab. Rechts: Zeitlicher Intensitätsabfall der Komponenten SuperYellow und MEH-PPV. Diese können nicht durch eine Exponentialfunktion vollständig wiedergegeben werden.

charakterisiert durch die Lebensdauer $\tau$:

$$\frac{\partial \overset{*}{N}}{\partial t} \propto \exp\left(\frac{t}{\tau}\right). \tag{6.2}$$

Beobachtet man statt dessen eine Überlagerung mehrerer Zeitkonstanten wie im Falle der MEH-PPV- und der SuperYellow-Schicht (rechte Teilabbildung 6.17), lässt dies auf unterschiedliche Übergänge schließen, die gleichzeitig, aber unabhängig, d. h. räumlich getrennt voneinander stattfinden. Im Gegensatz dazu fällt die Intensität der Lumineszenz im Falle des Polymergemischs monoexponentiell ab, hier dominiert also ein bestimmter strahlender Prozess. Zwei Möglichkeiten kommen in Betracht, sie werden in den beiden folgenden Unterabschnitten diskutiert.

**Exciplex-Zerfall**

Exciplex-Zustände sind intermolekulare Kopplungen von Exzitonen unter Beteiligung zweier unterschiedlicher Moleküle, die einen Typ-II-Heteroübergang bilden. Die beiden Ladungsträger sind dabei auf verschiedenen Molekülen lokalisiert. Aus Abbildung 2.10 in Abschnitt 2.3.1 geht hervor, dass die Zerfallsenergie des Exciplex-Übergangs kleiner ist als die der Exzitonen beider beteiligten Moleküle. Bei einem Exciplex-Übergang als dominantem strahlenden Zerfallsprozess erwartet man daher ein bezüglich beider Emissionsspektren der einzelnen Komponenten rotverschobenes Spektrum.

Ausnahmen sind in bestimmten Konstellationen möglich, bei einem Polyfluoren-Gemisch beobachtet man eine dem Exciplex-Übergang zugeordnete Emission, die spektral zwischen der Fluoreszenz der einzelnen Komponenten liegt [30, 157]. Die Erklärung liegt in diesem Fall in der zusätzlichen Kopplung eines benachbarten, nichtbindenden Molekülorbitals, das von einem zusätzlich in das Monomer eingebrachten Stickstoffatom stammt [30].

Die Zeitkonstante des Exciplex-Zerfalls im Verhältnis zur Fluoreszenzlebensdauer der einzelnen Moleküle ist je nach Materialsystem sehr verschieden. Gemessen werden sowohl mit dem entsprechenden Singulett-Exzitonübergang vergleichbare Werte [30] als auch wesentlich größere [31, 158].

Ein entscheidendes Charakteristikum der Exciplexbildung ist die fehlende Wechselwirkung im Grundzustand, das Absorptionsspektrum weicht daher nicht von der dem Mischungsverhältnis entsprechenden Linearkombination ab. Wie der Tabelle 6.2 zu entnehmen ist, bilden die konjugierten Polymere SuperYellow und MEH-PPV einen Typ-II-Heteroübergang, der die Entstehung von Exciplex-Zuständen prinzipiell ermöglicht. Zu beachten ist aber der geringe Abstand der Niveaus in Verbindung mit der vermuteten Unsicherheit der Werte. Läge zum Beispiel das LUMO-Niveau von SuperYellow in Wirklichkeit bei einem höheren Wert als das von MEH-PPV, handelte es sich statt dessen um einen Typ-I-Übergang. Auch die Absorptionsspektren (Abbildung 6.16) sind nicht eindeutig zu beurteilen. Das dem Material SuperYellow zugeordnete Maximum ist gegenüber dem reinen Material leicht rotverschoben, was

| | Methode | LUMO-Energie | HOMO-Energie | |
|---|---|---|---|---|
| MEH-PPV [159] | Elektroabsorption | 2,95 | 5,35 | eV |
| SuperYellow [138] | UPS, CV | 2,9 | 5,2 | eV |
| SuperYellow [97] | nicht bekannt | 2,4 | 4,8 | eV |

Tabelle 6.2:
Energieniveaus der beiden Komponenten SuperYellow und MEH-PPV (Literaturwerte). Es handelt sich um einen Typ-II-Heteroübergang, damit sind Exciplex-Zustände möglich. Die publizierten Werte können erheblich voneinander abweichen. Erfahrungen mit organischen Leuchtdioden aus SuperYellow mit üblichen Kontaktmaterialien sprechen eher für die in der mittleren Zeile genannten Werte. Die Abkürzung UPS steht für Ultraviolett-Photoelektronenspektroskopie, CV bedeutet Cyklovoltametrie.

unter anderem mit der Morphologie und der Umgebungsabhängigkeit (etwa von der dielektrischen Funktion $\epsilon_r$) seiner optischen Eigenschaften begründet werden kann. Ein dem MEH-PPV zugehöriges Maximum ist nicht zu erkennen, allerdings ist dessen Absorption ohnehin geringer und sein Anteil am Gemisch klein.

Es ist daher nicht eindeutig zu entscheiden, ob sich das Spektrum durch Linearkombination bilden lässt. Die gemessene Zerfallsdynamik ist mit der Exciplex-Hypothese konsistent. Die spektrale Verteilung des abgestrahlten Lichts macht sie dagegen unwahrscheinlich, es sei denn, man geht von einer noch unbekannten Kopplung der besetzten Molekülorbitale aus, wie sie bei den erwähnten nitrogenierten Polyfluorenen beobachtet wird.

**Förstertransfer und Exziton-Zerfall**

Die Photo- und Elektrolumineszenz von MEH-PPV im festen Zustand wird in den meisten Fällen durch die Existenz intermolekularer Aggregate bestimmt [160]. Diese führen im Vergleich zu dem in Lösung beobachteten Singulett-Exzitonenübergang zu einem rotverschobenen Spektrum [100] und statt der in Lösung monoexponentiellen Abhängigkeit ist der zeitliche Abfall der Photolumineszenz durch mehrere Zeitkonstanten gekennzeichnet [161]. Der Grund dafür sind verschiedene Aggregate mit unterschiedlichen Lebensdauern, die räumlich voneinander getrennt Licht emittieren.

Oft ist die Ausbildung solcher Aggregate in Dünnschichtbauelementen unerwünscht, da sie die optische Verstärkung vermindern und die Realisierung von Lasern erschweren [101]. Verhindert werden kann dies über die Beeinflussung der Filmmorphologie durch die Wahl des bei der Herstellung verwendeten Lösungsmittels oder durch das Einbetten in eine passive Polystyrolmatrix [102].

Das Photolumineszenzspektrum des untersuchten Polymergemischs stimmt gut mit dem der MEH-PPV-Lösung überein [102]. Auch was die Lumineszenzdynamik betrifft,

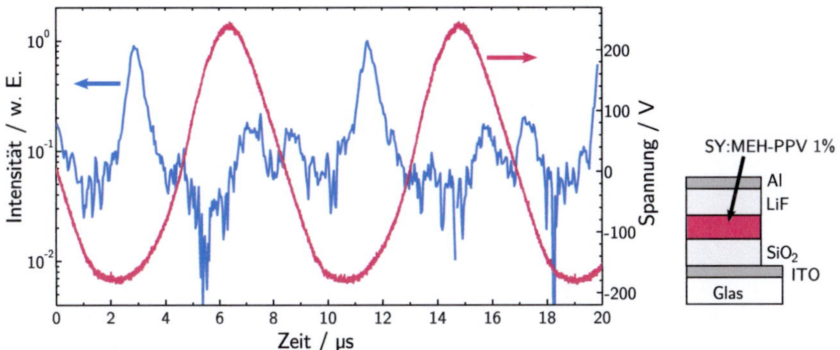


Abbildung 6.18:
Zeitverlauf der Elektrolumineszenz einer nanopartikelfreien, kapazitiv angeregten Struktur mit einem Polymergemisch als Emittermaterial. Die Polaritätsabhängigkeit weist auf eine räumlich asymmetrische Verteilung der Ladungsträger-
Erzeugungsdichte hin.

verhalten sich das Gemisch und die Lösung ähnlich, bei letzterer beobachtet man eine
exponentielle Abhängigkeit mit einer Fluoreszenzlebensdauer von 0,3 ns. Dies spricht
für eine vom MEH-PPV stammende Lumineszenz exzitonischen Ursprungs, die Entstehung von Aggregaten wird dabei durch die räumliche Trennung der Moleküle vermieden. Die Anregung erfolgt dann über SuperYellow mit folgendem Förstertransfer auf MEH-PPV. Auch wenn die für diesen Transfer typische Zeitentwicklung des
Emissionsspektrums nicht beobachtet werden kann, ist diese These als Erklärung der
beobachteten Eigenschaften wahrscheinlich. Bei sehr effizientem Transfer, wenn die
entsprechende Rate nach Gleichung (2.9) den Kehrwert der Fluoreszenzlebensdauer
deutlich übersteigt, ist die Abstrahlung des Wirts auf ein sehr kurzes Zeitintervall beschränkt. Wegen ihrer dann nur geringen Intensität ist sie trotz hoher Zeitauflösung
des Messsystems nicht unbedingt zu erfassen. MEH-PPV lässt sich auch als Gastmaterial in anderen Gast-Wirt-Systemen mit Förstertransfer einsetzen, in Kombination
mit dem Wirtmaterial F8BT[6] sind Laser mit niedriger Schwelle (1,4 µJ/cm$^2$) möglich [41]. Auch bei anderen PPV-Derivaten mit verknäuelten Ketten findet ein sehr
effizienter Förster-Transfer statt [105]. Auf Grund der vorgestellten Messergebnisse
ist davon auch bei der hier diskutierten Mischung auszugehen.

## 6.3.6 Nanopartikelfreie KapOLED

### Feldinduzierte Elektrolumineszenz

Das im vorhergehenden Abschnitt beschriebene Polymergemisch zeichnet sich durch eine besondere Eigenschaft aus: Es ist möglich, durch Anlegen eines elektrischen Felds Ladungsträger innerhalb einer Dünnschicht zu erzeugen. Die benötigten Feldstärken sind etwas höher als bei Bauelementen mit Nanopartikeln, liegen aber – im Gegensatz zu Einzelschichten aus einem der Komponenten – unterhalb der Durchbruchschwelle.

In Abbildung 6.18 sind der Zeitverlauf der Elektrolumineszenz, der anliegenden Spannung sowie die Struktur des Bauelements eingezeichnet. Wegen des hohen Super-Yellow-Anteils ist zu erwarten, dass dieses die elektrischen Eigenschaften (Mobilitäten und Barrieren) bestimmt. Die Elektrolumineszenzintensität ist von der Polarität abhängig, das Verhältnis der entsprechenden Maxima beträgt etwa 9, der Verlauf ist der Zweischichtstruktur mit Nanopartikeln in Abbildung 6.15 unten sehr ähnlich. Obwohl der Aufbau des Elements völlig symmetrisch ist, abgesehen von den unterschiedlichen Isolationsschichten, bleibt die Polaritätsabhängigkeit der Exzitonenerzeugung erhalten.

### Monopolare Anregung

Untersuchungsgegenstand ist hier eine Einschichtstruktur mit einer isolierten und einer elektrisch verbundenen Elektrode. Die Schichtfolge und der Aufbau des Experiments sind gleich denen in Abschnitt 6.2, nur ist jetzt die Polymerschicht durch das Polymergemisch ersetzt. Während zur Erzeugung von Lumineszenz bei reinen Polymeren beide Ladungsträgertypen injiziert werden müssen, ist bei dem Gemisch eine monopolare Anregung möglich, weil Elektronen und Löcher zusätzlich intern erzeugt werden.

In Abbildung 6.19 sind die Elektrolumineszenzverläufe bei Spannungspulsen positiver und negativer Polarität dargestellt, sie zeigen erhebliche Unterschiede. Gemeinsam ist der Abfall auf niedrige Werte bei anliegendem elektrischen Feld. Im Falle der negativen Spannung steigt die Emission unmittelbar nach Ende des Anregungspulses steil an und klingt dann in guter Näherung exponentiell ab. Bei positiver Spannungspolarität folgt der deutlich langsamere Anstieg der Emission dem Puls mit einiger Verzögerung. Nach Erreichen ihres Maximalwertes bleibt die Intensität etwa konstant, bis sie bei erneutem Anstieg der Spannung schnell abfällt.

Nimmt man an, dass die die Injektionseffizienz bestimmenden Parameter des Polymers SuperYellow sich durch die Beimischung eines kleinen Anteils – des ohnehin ähnlichen – MEH-PPV nicht wesentlich ändern, können die experimentellen Ergebnisse wie folgt interpretiert werden:

Da bei der monopolaren Anregung immer höchstens eine Sorte Ladungsträger injiziert wird, kann die Lumineszenz nur durch interne feldinduzierte Generation weite-

---

[6]Poly(9,9-dioctylfluorene-alt-benzothiadiazole)

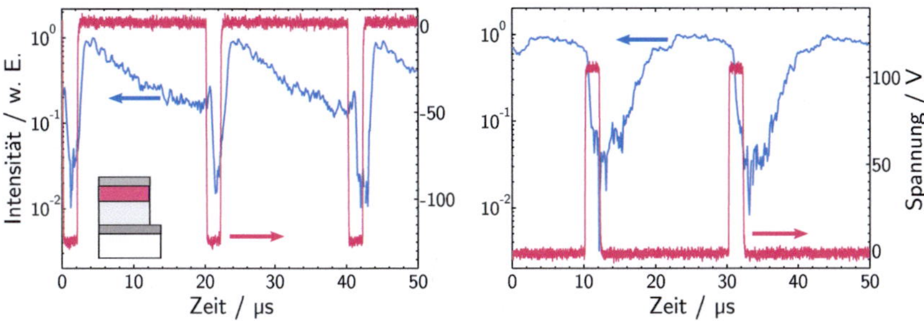

Abbildung 6.19:
Monopolare Anregung der Einschicht-Struktur mit einer isolierten Elektrode. Man erkennt eine starke Abhängigkeit von der Spannungspolarität. Im Fall der negativen Spannungspulse (links) erkennt man nach jedem Puls einen raschen Anstieg mit anschließendem exponentiellen Abfall. Bei positiver Spannung ist der Anstieg verzögert, ein Abfall ist bis zum nächsten Puls nicht zu erkennen.

rer Ladungsträger zu Stande kommen. In der linken Teilabbildung 6.19 ist die leitend verbundene Elektrode negativ geladen, die Zahl der in das aktive Material injizierten Elektronen ist gering (s. Abschnitt 6.2).

Während das Feld anliegt, entstehen im organischen Halbleiter Ladungsträgerpaare, deren Rekombination durch die trennende Wirkung unterbunden bleibt, solange das elektrische Feld besteht. Nach dessen Abfall erfolgt die Bildung von Exzitonen durch Langevin-Rekombinationen nach einem zu erwartenden Zerfallsgesetz analog der Gleichung (6.3.5), die Ladungsträgerdichte und die Zahl der strahlenden Ereignisse nimmt daher exponentiell mit der Zeit ab.

Im Fall der umgekehrten Spannungspolarität mit leitend verbundener positiver Elektrode dominiert ein anderer Mechanismus, denn es werden neben der Generation von Ladungsträgerpaaren auch Löcher effizient injiziert. Räumlich gesehen erfolgt die Entstehung der gepaarten Ladungsträger nicht homogen, sondern entfernt von der Elektrode. Auch in diesem Fall findet deren Rekombination ähnlich wie oben beschrieben statt. Allerdings ist der Wirkungsquerschnitt der Rekombination nicht sehr groß, so dass eine erhebliche Anzahl an Elektronen nicht vernichtet wird. Die Wolke der injizierten Löcher verteilt sich auch ohne anliegendes Feld durch Diffusion und erreicht die sehr viel weniger beweglichen Elektronen einige Mikrosekunden nach dem Spannungspuls, was zu einer hohen Rekombinationsdichte führt.

Die Natur der Generationszentren bleibt unklar, denkbar sind Wechselwirkungen der verschiedenen Moleküle oder Grenzflächeneffekte, die zu Störstellen in der Bandstruktur führen und ähnlich wie die Nanopartikel die Ladungsträgertrennung im elektrischen Feld erleichtern. Die räumliche Dichte dieser Störstellen kann nicht sehr groß sein und nicht homogen, denn sie stellen auch einen Zerfallskanal dar. Dieser führt allerdings nicht zu einer Verkürzung der Lebensdauer, wie dem Bild 6.17 zu entnehmen ist. Daher müssen die zusätzlichen Kanäle räumlich auf einen kleinen Bereich beschränkt sein, so dass ihr Einfluss auf die Lumineszenzeigenschaften gering bleibt. Auch das asymmetrische Verhalten der symmetrischen Struktur (Abbildung 6.18) spricht für eine inhomogene räumliche Verteilung der Ladungsträgergeneration. Auch Grenzflächen zur Isolatorschicht können eine Rolle spielen.

Als alternativer Mechanismus zur Exziton-Erzeugung kommt Stoßionisation in Betracht, diese wird in PPV trotz der geringen Ladungsträgermobilität beobachtet [162]. Bei monopolarer Anregung wäre dann eine ausgeprägte Polaritätsabhängigkeit zu erwarten, denn die wesentlich beweglicheren Löcher können eher die notwendige kinetische Energie erreichen. Allerdings bietet diese These keine Erklärung für die Zeitverzögerung nach dem Abfall des elektrischen Felds bis zum Einsetzen der Lumineszenz (Abbildung 6.19 rechts), da eine zunächst zu überwindende räumliche Distanz zwischen den injizierten und den intern generierten Ladungsträgern nicht in Betracht kommt. Das Zeitverhalten nach Elektroneninjektion wird durch Stoßionisation ebenfalls nicht erklärt, wenn man nicht von einer hinreichend großen kinetischen Energie der injizierten Elektronen ausgeht. Im Fall des symmetrischen Bauteils ohne direkte Injektion (siehe Abbildung 6.18) wäre auch eine bezüglich der Feldpolarität symmetrische Lumineszenz zu erwarten. Schließlich bleibt noch die Frage, warum der Prozess ein Gemisch von Polymeren voraussetzt. Die vorliegenden Daten lassen daher die Stoßionisation als dominierenden Generationsprozess eher unwahrscheinlich erscheinen.

Das Gemisch aus SuperYellow mit MEH-PPV ermöglicht die kapazitive Anregung von Elektrolumineszenz, ohne Ladungsträgergenerationsschichten aus leitenden oder dotierten Stoffen zu erfordern. Eine mit einer solchen Generationsschicht verbundene Extinktion der optischen Mode entfällt dadurch. Eine derartige Struktur kann die Grundlage für eine organische Laserdiode bilden. Die Frage, ob die dafür notwendige Anregungsdichte grundsätzlich erreichbar ist, kann noch nicht beantwortet werden. Dafür ist eine detaillierte Erforschung des zu Grunde liegenden Generationsmechanismus erforderlich.

### 6.3.7 Transparente KapOLED

Die Relevanz des Konzepts der Anregung über isolierte Elektroden auch für andere Anwendungen lässt sich anhand der transparenten KapOLED demonstrieren. Dabei werden einige grundsätzliche Schwierigkeiten bei der Herstellung transparenter organischer Leuchtdioden gelöst.

Diese Probleme betreffen das Elektrodenmaterial selbst, denn die üblichen transparenten Leiter (engl. „transparent conductive oxide", TCO) haben hohe Austrittsarbeiten, dadurch sind sie zwar als Anoden- nicht aber als Kathodenmaterial geeignet. Außerdem werden die Elektroden aus diesen Materialien durch das HF- oder HF-Magnetron-Kathodenzerstäubungsverfahren [163] (engl. „sputtering") hergestellt, das wegen den damit verbundenen Temperaturen und den hochenergetischen Ionen den organischen Halbleiter schädigen kann [164]. Durch Wahl der Prozessparameter kann die Schädigung verringert werden, was aber wiederum zu Lasten der Schichtqualität (Leitfähigkeit, Transparenz) geht [165]. Ein hoher Schichtwiderstand wirkt sich wegen des damit verbundenen Spannungsabfalls negativ auf die Homogenität der Leuchtdichte aus, eine große aktive Leuchtfläche erfordert deshalb einen geringen Elektrodenwiderstand.

Die Realisierung einer transparenten organischen Leuchtdiode wurde erstmals im Jahr 1996 beschrieben [166], deren Deckelektrode aus ITO durch einen HF-Magnetron-Kathodenzerstäubungsprozess mit sehr niedriger Leistung und Temperatur abgeschieden wurde. Eine sehr dünne Metallschicht (Magnesium und Silber) zwischen der ITO-Schicht und dem organischen Film ermöglichte die Injektion von Elektronen. Als alternatives Abscheidungsverfahren kommt Laserstrahlverdampfen in Frage, womit günstigere Elektrodeneigenschaften erreicht werden können. Allerdings liegt der Schichtwiderstand auch hier noch fast eine Größenordnung über dem einer kommerziell erhältlichen ITO-Schicht auf Glassubstrat [165].

Auch Kohlenstoffnanoröhrchen und Graphen eignen sich als transparente Elektroden [167, 168], die sogar aus der Flüssigphase abgeschieden werden können. Wolframoxid kann als Zwischenschicht verwendet werden, um den organischen Halbleiter vor energiereichen Teilchen beim Aufbringen einer ITO-Elektrode zu schützen [169], Multischichten in Kombination mit Silber ermöglichen eine hohe Leitfähigkeit [170]. Trotz intensiver Forschungsarbeit ist es nach wie vor schwierig, die wichtigsten Anforderungen – gute Leitfähigkeit, hohe Transparenz und unproblematische Herstellbarkeit – in Einklang zu bringen [170].

Diese Schwierigkeiten bestehen bei der kapazitiven Anregung entweder gar nicht oder ihre negativen Auswirkungen werden abgemildert. Da die Elektroden nur zum Aufbau des elektrischen Felds benötigt werden, kann ihr Material im Hinblick auf seine Austrittsarbeit frei gewählt werden. Metallische Zwischenschichten, die die Transmission verschlechtern sind daher nicht nötig und auch nicht sinnvoll. Die Elektrode wird auch nicht auf die organischen Schichten direkt aufgebracht, sondern auf eine Isolationsschicht, bestehend aus einem stabilen Dielektrikum, die zudem relativ dick gewählt werden kann (300 nm ... 500 nm in den hier vorgestellten Experimenten). In Folge dessen ist ein effektiver Schutz des aktiven Bereichs anzunehmen, zumindest vor hochenergetischen Ionen.

Durch die Art der Anregung mit hoher Spannung spielt die Elektrodenleitfähigkeit eine geringere Rolle, damit kann ihre Schichtdicke klein gewählt werden, was der Transparenz zugute kommt. Verdeutlichen lässt sich dies anhand des in Abbildung 6.20 dargestellten stark vereinfachten Ersatzschaltbilds. Der parasitäre Widerstand der Elektrode wird hier als Vorwiderstand $R_{ITO}$ modelliert, der mit der komplexen Impedanz des Bauteils einen Spannungsteiler bildet. Nimmt man an, zum Erreichen einer bestimmten Leuchtdichte sei die Einkopplung einer bestimmten elektrischen Wirkleistung $\Re(P_L)$ notwendig (konstante Lichtausbeute), ergibt sich die durch den

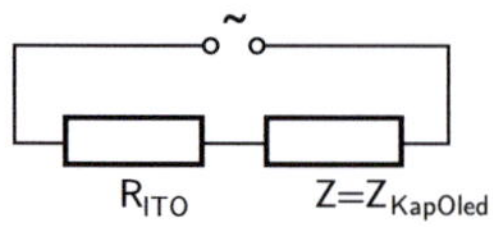

Abbildung 6.20: Vereinfachtes Ersatzschaltbild der KapOLED

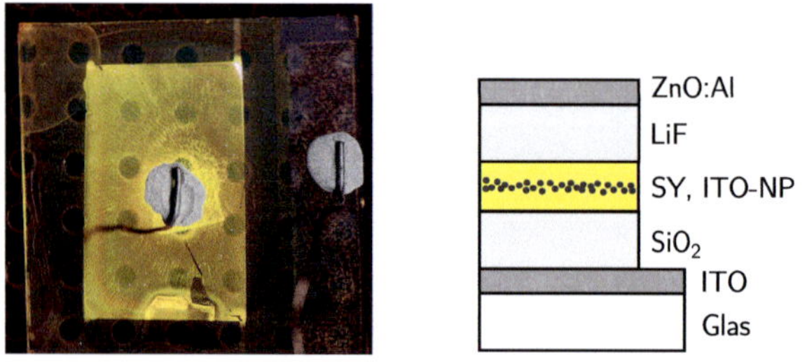

Abbildung 6.21:
  Links: Fotografie der transparenten KapOLED während des Betriebs. Das Bauteil
  ist auf einer handelsüblichen Lochraster-Platine mit einem Rastermaß von 2,54 mm
  zu sehen. Rechts: Schemazeichnung der Bauteilstruktur (nicht maßstabsgetreu).

Vorwiderstand verursachte Verlustleistung $P_V$:

$$P_V = U_R \cdot \underline{I}^* = R_{ITO} \cdot |\underline{I}|^2 \tag{6.3a}$$

$$P_L = \underline{U}_Z \cdot \underline{I}^* = Z \cdot |\underline{I}|^2 \tag{6.3b}$$

Dabei ist $\underline{I}$ der komplexe Effektivwert der Stromstärke, $R_{ITO}$ der modellhafte parasitäre Vorwiderstand, $U_R$ der Spannungsabfall über diesem, $Z$ die Impedanz der KapOLED und $|\underline{U}_Z|$ der komplexe Effektivwert der über dem Bauelement abfallenden Spannung. Das Verhältnis der Nutz- zur Verlustleistung berechnet sich zu:

$$\frac{\Re(P_L)}{P_V} = \frac{\Re(Z)}{R_{ITO}}. \tag{6.4}$$

Je größer also der Realteil der Bauteilimpedanz ist, desto größer ist bei gegebenen Elektrodenverlusten der Anteil der nutzbaren Leistung. Natürlich ist dann eine entsprechend hohe Versorgungsspannung nach $|\underline{U}_z|^2 = P_L Z^*$ notwendig.

Zur Herstellung wurde genau so verfahren wie bei den bisher beschriebenen Proben. Die Deckelektrode besteht aus ITO und wurde durch Kathodenzerstäubung abgeschieden. Kontaktiert wurde die Probe mit Silberleitlack, die Anregung erfolgte sinusförmig. Ein Foto des Bauelements sowie eine Schemazeichnung der Struktur ist in Abbildung 6.21 zu sehen. Der Zeitverlauf (Abbildung 6.22 ) ist nicht völlig symmetrisch bezüglich der Polarität des anliegenden Felds, ähnlich wie man es auch bei der in Abbildung 6.11 gezeigten Struktur mit Metallelektrode beobachtet.

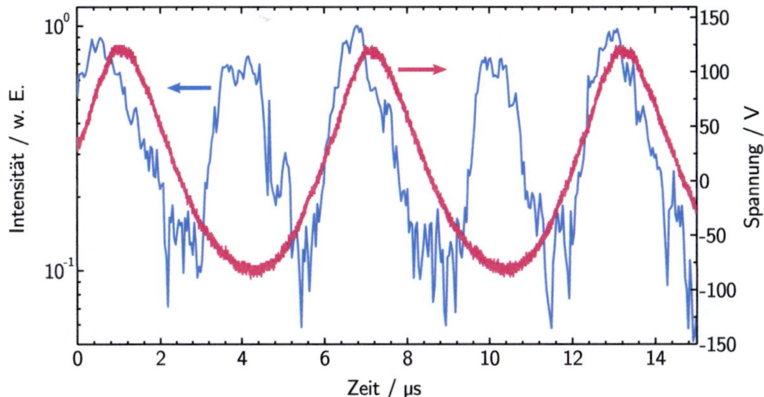

Abbildung 6.22:
Zeitaufgelöste Elektrolumineszenz (blau) der transparenten KapOLED bei sinusförmiger Anregung (rot). Der Verlauf der Intensität ist nicht völlig symmetrisch bezüglich der Polarität der angelegten Spannung.

## 6.3.8 Weitere Anwendungen und Ausblick

Die interne Generation von Ladungsträgerpaaren ist nicht nur für den Betrieb der KapOLED unbedingte Voraussetzung, sondern ist auch dann von Nutzen, wenn bei organischen Leuchtdioden mehrere Emitterschichten kombiniert werden sollen. Eine erweiterte Kenntnis der physikalischen Abläufe kann daher auch in diesem Bereich zu Verbesserungen beitragen.

Durch den möglichen Verzicht auf Ladungsträgertransportschichten kann im Hinblick auf eine organische Laserdiode ein wichtiger Verlustprozess umgangen werden. Dem stehen die Verluste durch die Nanopartikel und die begrenzte Anregungsdichte entgegen, wobei die Nanopartikel auch als Streuzentren für zufällige Moden (Random Lasing) genutzt werden könnten.

Für einen Laser mit definiertem Resonator sind die im Rahmen dieser Arbeit gemessenen Werte der von Nanopartikeln verursachten Wellenleiterverluste $\alpha_{ex} \approx 38\,\text{cm}^{-1}$ sehr hoch. Wegen der durch elektrische Anregung zusätzlich zu erwartenden Verluste strebt man wesentlich geringere Werte im Bereich $< 5\,\text{cm}^{-1}$ an. Vielversprechend sind dafür Gemische von Polymeren, die Ladungsträgergeneration ermöglichen (s. Abschnitt 6.3.6) und sich darüber hinaus auch als Medium für niedrigschwellige Laser eignen [41]. Durch genaue Erforschung der zu Grunde liegenden physikalischen Vorgänge sind hier Fortschritte zu erwarten.

Die für den Betrieb eines organischen Lasers geschätzte notwendige Singulett-Exzitonendichte liegt in der Größenordnung von $1 \cdot 10^{17}\,\text{cm}^{-3}$ [5]. Da aber eine Laserdiode eine sehr komplexe Struktur mit einer Vielzahl von Verlusten erzeugenden Wechselwirkungen ist, können deren Auswirkungen zusammen mit einer eventuell existierenden Laserschwelle nicht ohne weiteres vorhergesagt werden. Für bestimmte Strukturen ist eine Abschätzung durch numerische Simulation möglich [136,171,172]. Derzeit kann die Frage nicht beantwortet werden, ob eine Laserschwelle der hier vorgestellten Strukturen existiert und ob diese nach weiterer Forschung eines Tages erreicht werden kann.

Der nächste logische Schritt der KapOLED-Weiterentwicklung ist die Herstellung echter Multischichtstrukturen durch Vernetzung der Polymere. Diese ermöglicht das Abscheiden mehrerer Schichten übereinander auch mit gleichen oder ähnlichen Lösungsmitteln. Bei SuperYellow ist dies durch eine Kombination aus Temperaturbehandlung und UV-Bestrahlung möglich [7]. Mit Hilfe der Farbstoffdotierung (vgl. Abschnitt 6.3.2) kann dann durch Kombination von dotierten und undotierten Schichten auf die räumliche Verteilung der Ladungsträger geschlossen werden.

Bei den hier verwendeten KapOLED-Bauteilen war die organische Schicht nicht vollständig vor dem Einfluss von Feuchtigkeit und Sauerstoff abgeschirmt, ihre Lebensdauer betrug daher höchstens einige Minuten. Genau wie bei allen organischen Bauelementen ist eine effektive Verkapselung unbedingte Voraussetzung für eine lange Betriebsdauer. Bei einer KapOLED ist die leuchtende Fläche selbst durch die Isolationsschichten gut geschützt. Problematisch ist der Kontakt zur Umgebungsluft an den Probenkanten. Es ist daher auch eine Bauteilfassung zu entwickeln, die die organischen Schichten an den Probenkanten vor dem Einfluss der Umgebung bewahrt und eine hochfrequenztaugliche Kontaktierung ermöglicht. Wegen der verwendeten Hochspannung muss ein ausreichender Berührungsschutz gewährleistet sein.

Handelsübliche Schaltnetzteile arbeiten intern mit Rechteckspannungen innerhalb des auch für die KapOLED verwendeten Spannungs- und Frequenzbereichs [173], sodass eine kostengünstige Versorgung der Bauteile möglich ist. Natürlich muss dazu ein ausreichendes Sicherheitskonzept entwickelt werden.

Die im Vergleich zu üblichen OLED-Elektroden hohen Injektionsbarrieren der Ladungsträgergenerationsschicht zu den Emittern ist ein die Anregungsdichte begrenzender Faktor. Daher wird ein verbessertes Ladungsträgergenerationselement vorgeschlagen, das in Kombination mit vernetzten Polymeren auch herstellbar ist (Abbildung 6.23): Dabei wird auf die erste Emitterschicht eine Nanopartikellösung aus einem Material mit hoher Austrittsarbeit ($Me_1$) – etwa ITO oder Gold – aufgeschleudert. Nach dem Trocknen wird eine dünne, noch transparente Schicht Metall mit niedriger Austrittsarbeit (Alkalimetall, $Me_2$) aufgedampft. Nach dem erneuten Auftragen der Nanopartikellösung wird die Polymerschicht durch Bestrahlung und Tempern vernetzt. Der zweite Emitter kann dann ebenfalls aus der Lösung abgeschieden werden. Es folgen Isolationsschicht und Elektrode. In Folge der leitenden Verbindung von Nanopartikeln und Alkalimetallschicht können Löcher über die ersteren und Elektronen gleichzeitig in die gegenüberliegende organische Schicht von dem Alkalimetall aus injiziert werden. Die Barrieren sind jeweils wesentlich geringer und entprechen denen normaler OLED.

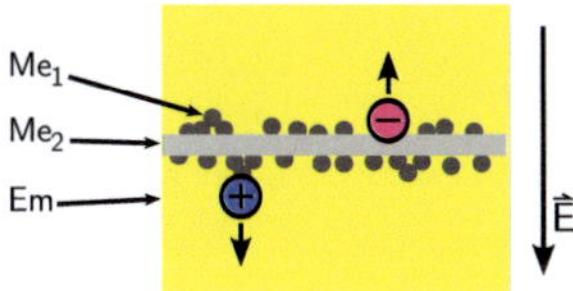


**Abbildung 6.23:**
Vorschlag einer Ladungsträgergenerationsschicht mit niedrigen Barrieren, bestehend aus Metall-Nanopartikeln (Me$_1$) und einer aufgedampften Metallschicht (Me$_2$). Die Austrittsarbeiten sind jeweils an das HOMO- bzw. an das LUMO-Niveau des Emitters (EM) angepasst. Die beiden Metalle haben leitenden Kontakt.


Was die Optimierung der Emitterpolymere selbst betrifft, lassen hohe und möglichst für beide Ladungsträgersorten gleiche Mobilitäten höhere Leuchtdichten erwarten. Da Unterschiede der Mobilitäten bei einer einzelnen Schicht durch eine asymmetrische Anregung – wie im Abschnitt 6.2 demonstriert – bis zu einem gewissen Umfang ausgeglichen werden können, sind auch Kombinationen zweier Schichten aus den Materialien A und B mit komplementären Mobilitäten denkbar: $\mu_e^A < \mu_h^A$ und $\mu_e^B \approx \mu_h^A$, $\mu_h^B \approx \mu_e^A$.

Als weitere interessante praktische Anwendung ist eine weiße KapOLED mit einstellbarem Farbort vorstellbar. Diese wird durch ein gelb- und ein blauemittierendes Polymer realisiert. Beide Emitter sind vernetzbar und haben ähnliche Ladungsträgermobilitäten. In jeder der beiden Schichten kann dann durch asymmetrische Anregung die Dichte der Exzitonen manipuliert werden. Wegen des spiegelsymmetrischen Aufbaus wird in diesem Fall durch Verändern des Spannungsextremwert-Verhältnisses die Emission eines Polymers verbessert und gleichzeitig die des anderen verschlechtert. Auf diese Weise wird das Mischungsverhältnis von Gelb und Blau variiert und der Farbort kann entlang der Verbindungsstrecke der den beiden Emittern entsprechenden Punkten im CIE-Diagramm eingestellt werden.

# 7 Zusammenfassung

Zentrales Thema der vorliegenden Arbeit ist die im elektrischen Wechselfeld kapazitiv angeregte Elektrolumineszenz in Polymer-Bauelementen (KapOLED). Diese Bauelemente erzeugen Licht durch feldinduzierte Generation von Ladungsträgerpaaren, die anschließend strahlend rekombinieren. Die elektrische Leistung wird dabei über galvanisch vom Halbleiter getrennte Elektroden zugeführt.

Eine Anwendung des Ansatzes wird mit der transparenten KapOLED demonstriert. Im Unterschied zur üblichen organischen Leuchtdiode erlaubt das Konzept der kapazitiven Anregung eine freie Wahl des Elektrodenmaterials, da ein Metall-Halbleiterkontakt mit seinen spezifischen Anforderungen im Bereich der Elektroden nicht besteht. Dadurch können auch transparente leitende Materialien ohne Einschränkung verwendet werden. Es werden die dabei vergleichsweise geringen Anforderungen an die Leitfähigkeit aufgezeigt. So wird der Herstellungsprozess vereinfacht und man kann dabei die Aufmerksamkeit auf andere Eigenschaften konzentrieren – etwa eine hohe Transparenz. Außerdem ist das empfindliche Polymer durch die Isolationsschichten in gewissem Umfang vor schädlichen Einflüssen beim Abscheidungsprozess geschützt. Aus diesen Gründen werden auch großflächige Bauelemente mit homogener Leuchtdichte möglich.

Darüber hinaus bietet das Konzept einen vielversprechenden Forschungsansatz zur Realisierung einer organischen Laserdiode, da wichtige Verlustprozesse vermieden werden. Neben induzierter Absorption und bimolekularen Annihilationsprozessen verhindert insbesondere die Wechselwirkung der im Resonator geführten optischen Mode mit den in hoher Dichte vorhandenen Ladungsträgern bisher das Erreichen einer Besetzungsinversion durch elektrische Anregung. Bei der feldinduzierten Erzeugung der Ladungsträger entfällt die Notwendigkeit, diese über relativ große Abstände durch ein schlecht leitendes organisches Material zu transportieren, sodass die durch Ladungsträger hervorgerufene Wellenleiterdämpfung reduziert werden kann. Die zum Aufbau des elektrischen Felds benötigten Elektroden können hinreichend weit entfernt von der lichtführenden Schicht platziert werden und haben daher keinen negativen Einfluss auf die Dämpfung der optischen Mode.

Die kapazitive Anregung setzt normalerweise eine Ladungsträgergenerationsschicht voraus, die bei polymerbasierten Strukturen leitende Materialien enthält. Da sie sich in der Nähe des organischen Emitters befindet, wird die optische Wellenleitermode durch die Generationsschicht gedämpft. Vorteilhaft gegenüber Metallen ist die Verwendung des transparenten ITO, das in Form von Nanopartikeln zum Einsatz kommt. Damit ist zwar eine große Kontaktfläche zum Halbleiter sichergestellt, jedoch wirken die Nanopartikel als Streuzentren für die propagierenden Photonen.

Um die dadurch veränderten Wellenleitereigenschaften untersuchen zu können, wurde ein Messplatz aufgebaut, der nach der Methode der variablen Strichlänge arbeitet und mit dem sich die optische Verstärkung und Extinktion einer Dünnschichtstruktur charakterisieren lassen. Damit steht nun ein wichtiges Instrument zur weiteren Forschung auf dem Gebiet der organischen Laser, aber auch dem Lichtmanagement in OLED, zu Verfügung. Mit seiner Hilfe wurde gezeigt, dass die zum Betrieb einer KapOLED notwendige Dichte von Nanopartikeln durch Streuung zu einer Extinktion der optischen Mode der KapOLED-Struktur von $\alpha_{ex} = 38\,/\mathrm{cm}$ führt. Der entsprechende Wert der Polymerschicht allein beträgt etwa $\alpha_{ex} = 13\,/\mathrm{cm}$. Darüber hinaus wurde mit der Strichlängen-Methode die optische Verstärkung einer Halbleiter-Dünnschicht untersucht, die herstellungsbedingt Streuzentren enthält. Bei hoher optischer Anregungsintensität zeigte diese zufällige Lasermoden (Random Lasing).

Bei Beleuchtungsanwendungen sind hohe Streudichten meist zur Lichtauskopplung erwünscht, in diesem Fall kann der nutzbare Anteil an der Gesamtintensität der Lumineszenz durch die Nanopartikel erhöht werden. Im Gegensatz dazu werden bei einer Laserstruktur möglichst niedrige Werte des Extinktionskoeffizienten angestrebt. Er kann durch komplexe Wellenleiterstrukturen vermutlich gegenüber dem erwähnten Wert verringert werden. Dafür wird die Schichtfolge so angepasst, dass ihre zur Dämpfung beitragenden Anteile – wie die Nanopartikel – sich räumlich möglichst mit den Intensitätsminima der Wellenleitermode decken.

Ein anderer Ansatz ergibt sich aus den Forschungsergebnissen der vorliegenden Arbeit, die zeigen, dass ein Polymergemisch auch ohne zusätzliche Generationsschicht zur Erzeugung von Ladungsträgern genutzt werden kann. So werden auch die damit verbundenen Verluste vermieden. Die Ergebnisse der durchgeführten zeitaufgelösten Photolumineszenzspektroskopie-Experimente erlauben Rückschlüsse auf die strahlenden Übergänge im Polymergemisch und legen den Schluss nahe, dass sie exzitonischer Natur sind und nur von einer der Komponenten stammen. Daraus lässt sich weiter auf einen effizienten Förstertransfer schließen, wie er oft für optisch angeregte organische Laserstrukturen genutzt wird.

Für weitere Optimierung im Hinblick auf möglichst große Erzeugungsraten von Ladungsträgern ist ein grundlegendes Verständnis der ablaufenden physikalischen Prozesse unerlässlich. Zu diesem tragen die durchgeführten zeitaufgelösten Elektrolumineszenzmessungen bei. Neben vollständigen KapOLED wurden auch Modellstrukturen untersucht, woraus sich zusammen mit einer am Institut entwickelten Simulationssoftware auf die Ladungsträgerdynamik schließen lässt. Auf diese Weise konnten limitierende Faktoren identifiziert und Materialanforderungen definiert werden. Erheblichen Einfluss haben neben der Austrittsarbeit des für die Generationsschicht verwendeten Materials sowohl die absoluten Werte der Ladungsträgerbeweglichkeiten als auch das Verhältnis von Elektronen- zu Löchermobilität. Die aus letzterem resultierende unausgewogene Bilanz beider Ladungsträgerpolaritäten kann durch eine asymmetrische Form der Anregungsspannung teilweise ausgeglichen werden.

Auf der Basis der gewonnenen Erkenntnisse wird eine verbesserte Ladungsträgergenerations-Struktur vorgeschlagen sowie weitere Anwendungsmöglichkeiten skizziert, darunter das Konzept einer weißen KapOLED mit variablem Farbort.

# Veröffentlichungen


J. Brückner, E. Hernandez, O. Bauder and U. Lemmer:
Field-induced charge generation in a conjugated polymer blend. *in Vorbereitung* (2010)

J. Brückner, N. Christ, O. Bauder, C. Gärtner, M. Seyfried, F. Glöckler, U. Lemmer and M. Gerken:
AC excitation of organic light emitting devices utilizing conductive charge generation layers. *Appl. Phys. Lett.* 96:041107 (2010)

C. Gärtner, C. Karnutsch, J. Brückner, N. Christ, S. Uebe, U. Lemmer, P. Görrn, T. Rabe, T. Riedl and W. Kowalsky:
Loss processes in organic double-heterostructure laser diodes. *Organic Light Emitting Materials and Devices XI, Proc. SPIE* 6655:66550T (2007)

C. Gärtner, C. Karnutsch, J. Brückner, T. Woggon, S. Uebe, N. Christ and U. Lemmer:
Numerical study of annihilation processes, excited state absorption and field quenching for various organic laser diode design concepts. *9th European Conference on Molecular Electronics (ECME), Metz, France* (2007)

J. Brückner, J. Silbereisen, D. Daub, U. Geyer, G. Bastian, B. Daniel and M. Hetterich:
Optical and acoustical ridge waveguides based on piezoelectric semiconductors for novel integrated acoustooptic components. *Integrated Optics, Silicon Photonics, and Photonic Integrated Circuits, Proc. SPIE* 6183:618309–11 (2006)

R. Hauschild, H. Priller, M. Decker, J. Brückner, H. Kalt and C. Klingshirn:
Temperature dependent band gap and homogeneous line broadening of the exciton emission in ZnO. *Phys. Stat. Sol. C* 3(4):976–979 (2006)

H. Priller, J. Brückner, Th. Gruber, C. Klingshirn and H. Kalt and A. Waag, H. J. Ko and T. Yao:
Comparison of linear and nonlinear optical spectra of various ZnO epitaxial layers and of bulk material obtained by different experimental techniques. *Phys. Stat. Sol. B* 241(3):587–590 (2004)

# Abbildungsverzeichnis

# Literaturverzeichnis


[1] C. W. Tang and S. A. Vanslyke. Organic electroluminescent diodes. *Appl. Phys. Lett.*, 51(12):913–915, 1987.

[2] K. Leo, J. Blochwitz-Nimoth, and O. Langguth. Vom handy bis zum fernseher. *Physik Journal*, 5:39, 2008.

[3] F. Hide, B. J. Schwartz, M. A. DiazGarcia, and A. J. Heeger. Laser emission from solutions and films containing semiconducting polymer and titanium dioxide nanocrystals. *Chem. Phys. Lett.*, 256(4-5):424–430, Jul 5 1996.

[4] N. Tessler, G. J. Denton, and R. H. Friend. Lasing from conjugated-polymer microcavities. *Nature*, 382(6593):695–697, August 1996.

[5] Christian Gärtner. *Organic laser diodes : modelling and simulation.* Dissertation, Universität Karlsruhe (TH), Karlsruhe, 2009.

[6] L. S. Liao and K. P. Klubek. Power efficiency improvement in a tandem organic light-emitting diode. *Appl. Phys. Lett.*, 92(22):223311, Jun 2 2008.

[7] A. Koehnen, M. Irion, M. C. Gather, N. Rehmann, P. Zacharias, and K. Meerholz. Highly color-stable solution-processed multilayer WOLEDs for lighting application. *J. Mater. Chem.*, 20(16):3301–3306, 2010.

[8] U. Lemmer. Stimulated emission and lasing in conjugated polymers. *Polym. Adv. Technol.*, 9(7):476–487, 1998.

[9] B. Ruhstaller, S. A. Carter, S. Barth, H. Riel, W. Riess, and J. C. Scott. Transient and steady-state behavior of space charges in multilayer organic light-emitting diodes. *J. Appl. Phys.*, 89(8):4575–4586, 2001.

[10] K. Fesser, A. R. Bishop, and D. K. Campbell. Optical absorption from polarons in a model of polyacetylene. *Phys. Rev. B*, 27(8):4804–4825, Apr 1983.

[11] P. A. Lane, X. Wei, and Z. V. Vardeny. Studies of Charged Excitations in $\pi$-Conjugated Oligomers and Polymers by Optical Modulation. *Phys. Rev. Lett.*, 77(8):1544–1547, Aug 1996.

[12] Martin Reufer. *Exziton- und Spindynamik in organischen Halbleiterlasern.* Dissertation, Ludwig-Maximilians-Universität München, Göttingen, 2006.

[13] Claus Klingshirn. *Semiconductor optics*. Springer, 2007.

[14] P. Prins, F. C. Grozema, B. S. Nehls, T. Farrell, U. Scherf, and L. D. A. Siebbeles. Enhanced charge-carrier mobility in $\beta$ -phase polyfluorene. *Phys. Rev. B*, 74(11):113203, Sep 2006.

[15] Okan Esenturk, R. Joseph Kline, Dean M. Delongchamp, and Edwin J. Heilweil. Conjugation effects on carrier mobilities of polythiophenes probed by time-resolved terahertz spectroscopy. *The Journal of Physical Chemistry C*, 112(29):10587–10590, 2008.

[16] H. Bässler, G. Schönherr, M. Abkowitz, and D. M. Pai. Hopping transport in prototypical organic glasses. *Phys. Rev. B*, 26(6):3105–3113, Sep 1982.

[17] H. Bässler. Injection, transport and recombination of charge carriers in organic light-emitting diodes. *Polym. Adv. Technol.*, 9(7):402–418, 1998.

[18] P. W. M. Blom, M. J. M. de Jong, and M. G. van Munster. Electric-field and temperature dependence of the hole mobility in poly(p-phenylene vinylene). *Phys. Rev. B*, 55(2):R656–R659, Jan 1997.

[19] G. Horowitz. Organic field-effect transistors. *Adv. Mat.*, 10(5):365–377, Mar 23 1998.

[20] W. D. Gill. Drift mobilies in amorphous charge-transfer complexes of trinitrofluorenone and poly-n-vinylcarbazole. *Journal of Applied Physics*, 43(12):5033–5040, 1972.

[21] Martin Pope and Charles E. Swenberg. *Electronic processes in organic crystals and polymers*. Oxford University Press, 1999.

[22] M. A. Baldo, D. F. O'Brien, M. E. Thompson, and S. R. Forrest. Excitonic singlet-triplet ratio in a semiconducting organic thin film. *Phys. Rev. B*, 60(20):14422–14428, Nov 1999.

[23] M. Reufer, M. J. Walter, P. G. Lagoudakis, A. B. Hummel, J. S. Kolb, H. G. Roskos, U. Scherf, and J. M. Lupton. Spin-conserving carrier recombination in conjugated polymers. *Nat. Mater.*, 4(4):340–346, Apr 2005.

[24] Manfred Hesse, Herbert Meier, and Bernd Zeeh. *Spektroskopische Methoden in der organischen Chemie : 102 Tabellen*. Thieme, Stuttgart [u.a.], 2005.

[25] E. Jelley. Molecular, nematic and crystal states of 1, 1-diethyl-c-cyaninechloride. *Nature*, 139:631–632, 1937.

[26] U. Lemmer, S. Heun, R. F. Mahrt, U. Scherf, M. Hopmeier, U. Siegner, E. O. Göbel, K. Mullen, and H. Bässler. Aggregate fluorescence in conjugated polymers. *Chem. Phys. Lett.*, 240(4):373–378, Jun 30 1995.

[27] E. M. Conwell. Mean free time for excimer light emission in conjugated polymers. *Phys. Rev. B*, 57(22):14200–14202, Jun 1 1998.

[28] M. W. Wu and E. M. Conwell. Effect of interchain coupling on conducting polymer luminescence: Excimers in derivatives of poly(phenylene vinylene). *Phys. Rev. B*, 56(16):10060–10062, Oct 15 1997.

[29] S. A. Jenekhe and J. A. Osaheni. Excimers and exciplexes of conjugated polymers. *Science*, 265(5173):765–768, 1994.

[30] F. C. De Lucia, T. L. Gustafson, D. Wang, and A. J. Epstein. Exciplex dynamics and emission from nonbonding energy levels in electronic polymer blends and bilayers. *Phys. Rev. B*, 65(23):235204, May 2002.

[31] A. C. Morteani, R. H. Friend, and C. Silva. Endothermic exciplex-exciton energy-transfer in a blue-emitting polymeric heterojunction system. *Chem. Phys. Lett.*, 391(1-3):81 – 84, 2004.

[32] X.-Y. Zhu, Q. Yang, and M. Muntwiler. Charge-transfer excitons at organic semiconductor surfaces and interfaces. *Acc. Chem. Res.*, 42(11):1779–1787, 2009.

[33] I. H. Campbell, P. S. Davids, D. L. Smith, N. N. Barashkov, and J. P. Ferraris. The schottky energy barrier dependence of charge injection in organic light-emitting diodes. *Appl. Phys. Lett.*, 72(15):1863–1865, Apr 13 1998.

[34] A. J. Campbell, D. D. C. Bradley, and D. G. Lidzey. Space-charge limited conduction with traps in poly(phenylene vinylene) light emitting diodes. *J. Appl. Phys.*, 82(12):6326–6342, Dec 15 1997.

[35] N. David Ashcroft, Neil W. ; Mermin. *Solid state physics*. Brooks/Coole Cengage Learning, Belmont, CA [u.a.], [nachdr.] edition, 2009.

[36] J. C. Scott and G. G. Malliaras. Charge injection and recombination at the metal-organic interface. *Chem. Phys. Lett.*, 299(2):115–119, Jan 6 1999.

[37] K. J. Ebeling. *Integrated optoelectronics : waveguide optics, photonics, semiconductors*. Springer, Berlin, 1993.

[38] P. Yeh. *Optical waves in layered media*. Wiley series in pure and applied optics. Wiley-Interscience, Hoboken, NJ, 2005.

[39] Y. Yang, G. A. Turnbull, and I. D. W. Samuel. Hybrid optoelectronics: A polymer laser pumped by a nitride light-emitting diode. *Applied Physics Letters*, 92(16):163306, 2008.

[40] T. Rabe, K. Gerlach, T. Riedl, H.-H. Johannes, W. Kowalsky, J. Niederhofer, W. Gries, J. Wang, T. Weimann, P. Hinze, F. Galbrecht, and U. Scherf. Quasi-continuous-wave operation of an organic thin-film distributed feedback laser. *Appl. Phys. Lett.*, 89(8):081115, 2006.

[41] M. Lehnhardt, T. Riedl, T. Weimann, and W. Kowalsky. Impact of triplet absorption and triplet-singlet annihilation on the dynamics of optically pumped organic solid-state lasers. *Phys. Rev. B*, 81(16):165206, Apr 15 2010.

[42] P. Goerm, T. Rabe, T. Riedl, and W. Kowalsky. Loss reduction in fully contacted organic laser waveguides using $TE_2$ modes. *Appl. Phys. Lett.*, 91(4):041113, Jul 23 2007.

[43] N. M. Lawandy, R. M. Balachandran, A. S. L. Gomes, and E. Sauvain. Laser action in strongly scattering media (vol 368, pg 436, 1994). *Nature*, 369(6478):340, May 26 1994.

[44] V. S. Letokhov. Generation of light by a scattering medium with negative resonance absorption. *Soviet Phys Jetp-USSR*, 26(4):835–&, 1968.

[45] V.M. Markushev, M.V. Ryzhkov, and C.M. Briskina. Luminescence and induced emission from neodymium in powders of double sodium-lanthanum molybdate. *Kvantovaya Elektronika*, 13(2):427–430, Feb 1986.

[46] D. S. Wiersma and A. Lagendijk. Interference effects in multiple-light scattering with gain. *Physica A*, 241(1-2):82–88, Jul 1 1997.

[47] D. S. Wiersma, M. P. Vanalbada, and A. Lagendijk. Coherent backscattering of light from amplifying random-media. *Phys. Rev. Lett.*, 75(9):1739–1742, Aug 28 1995.

[48] D. S. Wiersma, P. Bartolini, A. Lagendijk, and R. Righini. Localization of light in a disordered medium. *Nature*, 390(6661):671–673, Dec 1997.

[49] X. H. Wu, A. Yamilov, H. Noh, H. Cao, E. W. Seelig, and R. P. H Chang. Random lasing in closely packed resonant scatterers. *J. Opt. Soc. Am. B: Opt. Phys.*, 21(1):159–167, Jan 2004.

[50] X. Wu, W. Fang, A. Yamilov, A. A. Chabanov, A. A. Asatryan, L. C. Botten, and H. Cao. Random lasing in weakly scattering systems. *Phys. Rev. A: At. Mol. Opt. Phys.*, 74(5):053812, Nov 2006.

[51] R. C. Polson and Z. V. Vardeny. Organic random lasers in the weak-scattering regime. *Phys. Rev. B*, 71(4):045205, Jan 2005.

[52] R. C. Polson, M. E. Raikh, and Z. V. Vardeny. Universality in unintentional laser resonators in pi-conjugated polymer films. *C. R. Phys.*, 3(4):509–521, May 2002.

[53] S. Mujumdar, M. Ricci, R. Torre, and D. S. Wiersma. Amplified extended modes in random lasers. *Phys. Rev. Lett.*, 93(5):053903, Jul 30 2004.

[54] K. L. van der Molen, A. P. Mosk, and A. Lagendijk. Quantitative analysis of several random lasers. *Opt. Commun.*, 278(1):110–113, Oct 1 2007.

[55] V.M. Markushev, M.V. Ryzhkov, and C.M. Briskina. Characteristic properties of ZnO random laser pumped by nanosecond pulses. *Appl. Phys. B: Lasers Opt.*, 84:333–337, 2006.

[56] A. A. Chabanov and A. Z. Genack. Statistics of dynamics of localized waves. *Phys. Rev. Lett.*, 87(23):233903, 2001.

[57] H. Cao. Lasing in random media. *Waves in Random Media*, 13(3):R1–R39, Jul 2003.

[58] G. A. Berger, M. Kempe, and A. Z. Genack. Dynamics of stimulated emission from random media. *Phys. Rev. E*, 56(5, Part B):6118–6122, Nov 1997.

[59] R. Pierrat and R. Carminati. Threshold of random lasers in the incoherent transport regime. *Phys. Rev. A: At. Mol. Opt. Phys.*, 76(2):023821, Aug 2007.

[60] A. Tulek, R. C. Polson, and Z. V. Vardeny. Naturally occurring resonators in random lasing of pi-conjugated polymer films. *Nat. Phys.*, 6(4):303–310, Apr 2010.

[61] S. V. Frolov, Z. V. Vardeny, K. Yoshino, A. Zakhidov, and R. H. Baughman. Stimulated emission in high-gain organic media. *Phys. Rev. B*, 59(8):R5284–R5287, Feb 15 1999.

[62] D. S. Wiersma, M. P. Vanalbada, and A. Lagendijk. Random laser. *Nature*, 373(6511):203–204, Jan 19 1995.

[63] D. S. Wiersma. The physics and applications of random lasers. *Nat. Phys.*, 4(5):359–367, May 2008.

[64] J. Fallert, R. J. B. Dietz, J. Sartor, D. Schneider, C. Klingshirn, and H. Kalt. Co-existence of strongly and weakly localized random laser modes. *Nat. Photonics*, 3(5):279–282, May 2009.

[65] D. S. Wiersma. Random lasers explained? *Nat. Photonics*, 3(5):246–248, May 2009.

[66] K. L. van der Molen, A. P. Mosk, and A. Lagendijk. Intrinsic intensity fluctuations in random lasers. *Phys. Rev. A*, 74(5):053808, Nov 2006.

[67] S. A. van den Berg, R. H. V. den Bezemer, H. F. M. Schoo, G. W. 't Hooft, and E. R. Eliel. From amplified spontaneous emission to laser oscillation: dynamics in a short cavity polymer laser. *Opt. Lett.*, 24(24):1847–1849, Dec 15 1999.

[68] L. Florescu and S. John. Photon statistics and coherence in light emission from a random laser. *Phys. Rev. Lett.*, 93(1):013602, Jul 2004.

[69] H. Cao, Y. Ling, J. Y. Xu, C. Q. Cao, and P. Kumar. Photon statistics of random lasers with resonant feedback. *Phys. Rev. Lett.*, 86(20):4524–4527, May 14 2001.

[70] H. Kalt, J. Fallert, R. J. B. Dietz, J. Sartor, D. Schneider, and C. Klingshirn. Random lasing in nanocrystalline ZnO powders. *Phys. Stat. Sol. B*, 247(6):1448–1452, Jun 2010.

[71] C. Gouedard, D. Husson, C. Sauteret, F. Auzel, and A. Migus. Generation of spatially incoherent short pulses in laser-pumped neodymium stoichiometric crystals and powders. *J. Opt. Soc. Am. B: Opt. Phys.*, 10(12):2358–2363, Dec 1993.

[72] N. M. Lawandy, R. M. Balachandran, A. S. L. Gomes, and E. Sauvain. Laser action in strongly scattering media. *Nature*, 368(6470):436–438, Mar 31 1994.

[73] D. S. Wiersma and A. Lagendijk. Light diffusion with gain and random lasers. *Phys. Rev. E*, 54(4):4256–4265, Oct 1996.

[74] H. Cao, J. Y. Xu, S. H. Chang, and S. T. Ho. Transition from amplified spontaneous emission to laser action in strongly scattering media. *Phys. Rev. E*, 61(2):1985–1989, Feb 2000.

[75] X. Jiang and C. M. Soukoulis. Time dependent theory for random lasers. *Phys. Rev. Lett.*, 85(1):70–73, Jul 2000.

[76] C. Vanneste and P. Sebbah. Selective excitation of localized modes in active random media. *Phys. Rev. Lett.*, 87(18):183903, Oct 2001.

[77] E. Abrahams, P. W. Anderson, D. C. Licciardello, and T. V. Ramakrishnan. Scaling theory of localization - absence of quantum diffusion in 2 dimensions. *Phys. Rev. Lett.*, 42(10):673–676, 1979.

[78] R. C. Polson, J. D. Huang, and Z. V. Vardeny. Random lasers in pi-conjugated polymer films. *Synth. Met.*, 119(1-3, Sp. Iss. SI):7–12, Mar 15 2001.

[79] V. M. Apalkov, M. E. Raikh, and B. Shapiro. Random resonators and prelocalized modes in disordered dielectric films. *Phys. Rev. Lett.*, 89(1):016802, Jul 1 2002.

[80] C. Vanneste, P. Sebbah, and H. Cao. Lasing with resonant feedback in weakly scattering random systems. *Phys. Rev. Lett.*, 98(14):143902, Apr 2007.

[81] K. L. van der Molen, R. W. Tjerkstra, A. P. Mosk, and A. Lagendijk. Spatial extent of random laser modes. *Phys. Rev. Lett.*, 98(14):143901, Apr 2007.

[82] M. Terai and T. Tsutsui. Electric-field-assisted bipolar charge generation from internal charge separation zone composed of doped organic bilayer. *Appl. Phys. Lett.*, 90(8):083502, Feb 19 2007.

[83] X. D. Gao, J. Zhou, Z. T. Xie, B. F. Ding, Y. C. Qian, X. M. Ding, and X. Y. Hou. Mechanism of charge generation in p-type doped layer in the connection unit of tandem-type organic light-emitting devices. *Appl. Phys. Lett.*, 93(8):083304, Aug 25 2008.

[84] M. Kroger, S. Hamwi, J. Meyer, T. Dobbertin, T. Riedl, W. Kowalsky, and H.-H. Johannes. Temperature-independent field-induced charge separation at doped organic/organic interfaces: Experimental modeling of electrical properties. *Phys. Rev. B*, 75(23):235321, Jun 2007.

[85] J. Y. Kim, K. Lee, N. E. Coates, D. Moses, T.-Q. Nguyen, M. Dante, and A. J. Heeger. Efficient tandem polymer solar cells fabricated by all-solution processing. *Science*, 317(5835):222–225, 2007.

[86] A. G. F. Janssen, T. Riedl, S. Hamwi, H.-H. Johannes, and W. Kowalsky. Highly efficient organic tandem solar cells using an improved connecting architecture. *Appl. Phys. Lett.*, 91(7):073519, 2007.

[87] L.-S. Liao, W. K. Slusarek, T. K. Hatwar, M. L. Ricks, and D. L. Comfort. Tandem organic light-emitting mode using hexaazatriphenylene hexacarbonitrile in the intermediate connector. *Adv. Mat.*, 20(2):324+, Jan 18 2008.

[88] G. Gu, G. Parthasarathy, P. E. Burrows, P. Tian, I. G. Hill, A. Kahn, and S. R. Forrest. Transparent stacked organic light emitting devices. I. Design principles and transparent compound electrodes. *J. Appl. Phys.*, 86(8):4067–4075, 1999.

[89] L. S. Liao, K. P. Klubek, and C. W. Tang. High-efficiency tandem organic light-emitting diodes. *Appl. Phys. Lett.*, 84(2):167–169, 2004.

[90] C.-C. Chang, S.-W. Hwang, C. H. Chen, and J.-F. Chen. High-efficiency organic electroluminescent device with multiple emitting units. *Jap. J. Appl. Phys.*, 43(9A):6418–6422, 2004.

[91] H. Kanno, N. C. Giebink, Y Sun, and S. R. Forrest. Stacked white organic light-emitting devices based on a combination of fluorescent and phosphorescent emitters. *Appl. Phys. Lett.*, 89(2):023503, 2006.

[92] M. Terai, K. Fujita, and T. Tsutsui. Capacitance measurement in organic thin-film device with internal charge separation zone. *Jap. J. Appl. Phys. Part 2*, 44(33-36):L1059–L1062, 2005.

[93] X. Qi, N. Li, and S. R. Forrest. Analysis of metal-oxide-based charge generation layers used in stacked organic light-emitting diodes. *J. Appl. Phys.*, 107(1):014514, 2010.

[94] J. Meyer, M. Kröger, S. Hamwi, F. Gnam, T. Riedl, W. Kowalsky, and A. Kahn. Charge generation layers comprising transition metal-oxide/organic interfaces: Electronic structure and charge generation mechanism. *Appl. Phys. Lett.*, 96(19):193302, 2010.

[95] S. B. Lee, K. Fujita, and T. Tsutsui. Emission mechanism of double-insulating organic electroluminescence device driven at ac voltage. *Jap. J. Appl. Phys.*, 44(9A):6607–6611, 2005.

[96] H Spreitzer, H Becker, E Kluge, W Kreuder, H Schenk, R Demandt, and H Schoo. Soluble phenyl-substituted PPVs - New materials for highly efficient polymer LEDs. *Adv. Mat.*, 10(16):1340+, Nov 10 1998.

[97] Y. Shao, G. C. Bazan, and A. J. Heeger. Long-lifetime polymer light-emitting electrochemical cells. *Adv. Mat.*, 19(3):365+, Feb 5 2007.

[98] H. Becker, H. Spreitzer, W. Kreuder, E. Kluge, H. Schenk, I. Parker, and Y. Cao. Soluble PPVs with enhanced performance - A mechanistic approach. *Adv. Mat.*, 12(1):42+, Jan 7 2000.

[99] D. Moses. High quantum efficiency luminescence from a conducting polymer in solution - a novel polymer laser-dye. *Appl. Phys. Lett.*, 60(26):3215–3216, Jun 29 1992.

[100] T.-Q. Nguyen, V. D., and B. J. Schwartz. Conjugated polymer aggregates in solution: Control of interchain interactions. *J. Chem. Phys.*, 110(8):4068–4078, 1999.

[101] M. D. McGehee and A. J. Heeger. Semiconducting (conjugated) polymers as materials for solid-state lasers. *Adv. Mater.*, 12(22):1655–1668, 2000.

[102] L.J. Rothberg, M. Yan, F. Papadimitrakopoulos, M.E. Galvin, E.W. Kwock, and T.M. Miller. Photophysics of phenylenevinylene polymers. *Synthetic Metals*, 80(1):41 – 58, 1996.

[103] D. Vacar, A. Dogariu, and A. J. Heeger. Ultrafast gain and excited-state absorption in luminescent polymers: pump-wavelength invariance. *Chem. Phys. Lett.*, 290(1-3):58–62, Jun 26 1998.

[104] F. Hide, M. A. DiazGarcia, B. J. Schwartz, M. R. Andersson, Q. B. Pei, and A. J. Heeger. Semiconducting polymers: A new class of solid-state laser materials. *Science*, 273(5283):1833–1836, Sep 27 1996.

[105] A. Dogariu, R. Gupta, A. J. Heeger, and H. Wang. Time-resolved forster energy transfer in polymer blends. *Synth. Met.*, 100(1):95–100, Mar 26 1999.

[106] J. Y. Park, V. I. Srdanov, A. J. Heeger, C. H. Lee, and Y. W. Park. Amplified spontaneous emission from an meh-ppv film in cylindrical geometry. *Synth. Met.*, 106(1):35–38, Sep 30 1999.

[107] A. Boudrioua, P. A. Hobson, B. Matterson, I. D. W. Samuel, and W. L. Barnes. Birefringence and dispersion of the light emitting polymer meh-ppv. *Synth. Met.*, 111:545–547, Jun 1 2000.

[108] K. Koynov, A. Bahtiar, T. Ahn, C. Bubeck, and H. H. Horhold. Molecular weight dependence of birefringence of thin films of the conjugated polymer poly[2-methoxy-5-(2 '-ethyl-hexyloxy)-1, 4-phenylenevinylene]. *Appl. Phys. Lett.*, 84(19):3792–3794, May 10 2004.

[109] D. Zhu, W. Shen, H. Ye, X. Liu, and H. Zhen. Determination of the optical constants of polymer light-emitting diode films from single reflection measurements. *J. Phys. D: Appl. Phys.*, 41(23):235104, Dec 7 2008.

[110] F. Fitrilawati, M. O. Tjia, S. Pfeiffer, H. H. Horhold, A. Deutesfeld, H. Eichner, and C. Bubeck. Planar waveguides of PPV derivatives: attenuation loss, third-harmonic generation and photostability. *Opt. Mater.*, 21(1-3):511–519, 2003.

[111] Christian Kallinger. *Nanostrukturierte optoelektronische Bauelemente aus organischen Materialien*. Dissertation, Ludwig-Maximilians-Universität München, 1999.

[112] V. G. Kozlov, V. Bulovic, P. E. Burrows, M. Baldo, V. B. Khalfin, G. Parthasarathy, S. R. Forrest, Y. You, and M. E. Thompson. Study of lasing action based on forster energy transfer in optically pumped organic semiconductor thin films. *J. Appl. Phys.*, 84(8):4096–4108, Oct 15 1998.

[113] V. G. Kozlov, V. Bulovic, P. E. Burrows, and S. R. Forrest. Laser action in organic semiconductor waveguide and double-heterostructure devices. *Nature*, 389(6649):362–364, Sep 25 1997.

[114] M. Berggren, A. Dodabalapur, R. E. Slusher, and Z. Bao. Light amplification in organic thin films using cascade energy transfer. *Nature*, 389(6650):466–469, 1997.

[115] Martin Punke. *Organische Halbleiterbauelemente für mikrooptische Systeme*. Dissertation, Universität Karlsruhe (TH), Karlsruhe, 2008.

[116] V. G. Kozlov, V. Bulovic, P. E. Burrows, M. Baldo, V. B. Khalfin, G. Parthasarathy, S. R. Forrest, Y. You, and M. E. Thompson. Study of lasing action based on forster energy transfer in optically pumped organic semiconductor thin films. *J. Appl. Phys.*, 84(8):4096–4108, 1998.

[117] C. Kallinger, S. Riechel, O. Holderer, U. Lemmer, J. Feldmann, S. Berleb, A. G. Muckl, and W. Brutting. Picosecond amplified spontaneous emission bursts from a molecularly doped organic semiconductor. *J. Appl. Phys.*, 91(10, Part 1):6367–6370, 2002.

[118] Bénédicte Dal Don. *Relaxations- und Transportdynamik von Exzitonen in Halbleiternanostrukturen*. Dissertation, Universität Karlsruhe (TH), Göttingen, 2004.

[119] M.-H. Lu and J. C. Sturm. Optimization of external coupling and light emission in organic light-emitting devices: modeling and experiment. *J. Appl. Phys.*, 91(2):595–604, 2002.

[120] N.K. Patel, S. Cina, and J.H. Burroughes. High-efficiency organic light-emitting diodes. *IEEE J. Sel. Top. Quantum Electron.*, 8(2):346 –361, Mar 2002.

[121] N. C. Greenham, R. H. Friend, and D. D. C. Bradley. Angular dependence of the emission from a conjugated polymer light-emitting diode: Implications for efficiency calculations. *Adv. Mater.*, 6(6):491–494, 1994.

[122] A. Chutinan, K. Ishihara, T. Asano, M. Fujita, and S. Noda. Theoretical analysis on light-extraction efficiency of organic light-emitting diodes using fdtd and mode-expansion methods. *Org. Electron.*, 6(1):3 – 9, 2005.

[123] K. L. Shaklee and R. F. Leheny. Direct determination of optical gain in semiconductor crystals. *Appl. Phys. Lett.*, 18(11):475–&, 1971.

[124] K. L. Shaklee, R. E. Nahory, and R. F. Leheny. Optical gain in semiconductors. *J. Lumin.*, 7:284 – 309, 1973.

[125] J. M. Hvam. Direct recording of optical-gain spectra from ZnO. *J. Appl. Phys.*, 49(6):3124–3126, 1978.

[126] J. D. Thomson, H. D. Summers, P. J. Hulyer, P. M. Smowton, and P. Blood. Determination of single-pass optical gain and internal loss using a multisection device. *Appl. Phys. Lett.*, 75(17):2527–2529, 1999.

[127] P. Blood, A. I. Kucharska, J. P. Jacobs, and K. Griffiths. Measurement and calculation of spontaneous recombination current and optical gain in GaAs-AlGaAs quantum-well structures. *J. Appl. Phys.*, 70(3):1144–1156, Aug 01 1991.

[128] L. Dal Negro, P. Bettotti, M. Cazzanelli, D. Pacifici, and L. Pavesi. Applicability conditions and experimental analysis of the variable stripe length method for gain measurements. *Opt. Commun.*, 229(1-6):337–348, Jan 2 2004.

[129] C. Lange, M. Schwalm, S. Chatterjee, W. W. Ruehle, N. C. Gerhardt, S. R. Johnson, J. B. Wang, and Y. H. Zhang. The variable stripe-length method revisited: Improved analysis. *Appl. Phys. Lett.*, 91(19):191107, Nov 5 2007.

[130] M. D. McGehee, R. Gupta, S. Veenstra, E. K. Miller, M. A. Diaz-Garcia, and A. J. Heeger. Amplified spontaneous emission from photopumped films of a conjugated polymer. *Phys. Rev. B*, 58(11):7035–7039, Sep 15 1998.

[131] G. M. Lewis, P. M. Smowton, P. Blood, G. Jones, and S. Bland. Measurement of transverse electric and transverse magnetic spontaneouse emission and gain in tensile strained GaInP laser diodes. *Appl. Phys. Lett.*, 80(19):3488–3490, 2002.

[132] R. D. Xia, G. Heliotis, Y. B. Hou, and D. D. C Bradley. Fluorene-based conjugated polymer optical gain media. *Org. Electron.*, 4(2-3):165–177, Sep 2003.

[133] Stefan Riechel. *Organic semiconductor lasers with two-dimensional distributed feedback.* Cuvillier, 2002.

[134] H. Rabbani-Haghighi, S. Forget, S. Chenais, A. Siove, M.-C. Castex, and E. Ishow. Laser operation in nondoped thin films made of a small-molecule organic red-emitter. *Appl. Phys. Lett.*, 95(3):033305, Jul 20 2009.

[135] N. Christ. N. Christ nahm die Anpassung vor und führte die Rechnungen durch.

[136] C. Pflumm, C. Gartner, and U. Lemmer. A numerical scheme to model current and voltage excitation of organic light-emitting diodes. *IEEE J. Quantum. Electron.*, 44:790–798, Aug 2008.

[137] N. S. Christ, S. W. Kettlitz, S. Valouch, S. Zuefle, C. Gaertner, M. Punke, and U. Lemmer. Nanosecond response of organic solar cells and photodetectors. *J. Appl. Phys.*, 105(10):104513, May 15 2009.

[138] I. N. Hulea, R. F. J. van der Scheer, H. B. Brom, B. M. W. Langeveld-Voss, A. van Dijken, and K. Brunner. Effect of dye doping on the charge carrier balance in PPV light emitting diodes as measured by admittance spectroscopy. *Appl. Phys. Lett.*, 83(6):1246–1248, Aug 11 2003.

[139] L. Bozano, S. A. Carter, J. C. Scott, G. G. Malliaras, and P. J. Brock. Temperature- and field-dependent electron and hole mobilities in polymer light-emitting diodes. *Appl. Phys. Lett.*, 74(8):1132–1134, FEB 22 1999.

[140] A. J. Breeze, Z. Schlesinger, S. A. Carter, and P. J. Brock. Charge transport in TiO2/MEH-PPV polymer photovoltaics. *Phys. Rev. B*, 64(12):125205, Sep 2001.

[141] S. Gambino, A. K. Bansal, and I. D.W. Samuel. Comparison of hole mobility in thick and thin films of a conjugated polymer. *Organic Electronics*, 11(3):467 – 471, 2010.

[142] W. L. Barnes. Electromagnetic crystals for surface plasmon polaritons and the extraction of light from emissive devices. *IEEE/OSA J. Lightw. Techn.*, 17(11):2170–2182, Nov 1999.

[143] U. Geyer, J. Hauss, B. Riedel, S. Gleiss, U. Lemmer, and M. Gerken. Large-scale patterning of indium tin oxide electrodes for guidedmode extraction from organic light-emitting diodes. *J. Appl. Phys.*, 104(9):093111, Nov 1 2008.

[144] H. Greiner. Light extraction from organic light emitting diode substrates: Simulation and experiment. *Jap. J. Appl. Phys. Part 1*, 46(7A):4125–4137, Jul 2007.

[145] G. Gu, D. Z. Garbuzov, P. E. Burrows, S. Venkatesh, S. R. Forrest, and M. E. Thompson. High-external-quantum-efficiency organic light-emitting devices. *Opt. Lett.*, 22(6):396–398, Mar 15 1997.

[146] J. M. Lupton, B. J. Matterson, I. D. W. Samuel, M. J. Jory, and W. L. Barnes. Bragg scattering from periodically microstructured light emitting diodes. *Appl. Phys. Lett.*, 77(21):3340–3342, Nov 20 2000.

[147] S. Nowy, B. C. Krummacher, J. Frischeisen, N. A. Reinke, and W. Bruetting. Light extraction and optical loss mechanisms in organic light-emitting diodes: Influence of the emitter quantum efficiency. *J. Appl. Phys.*, 104(12):123109, Dec 15 2008.

[148] J. Hauss, B. Riedel, S. Gleiss, U. Geyer, U. Lemmer, and M. Gerken. Periodic large area nanostructuring for guided mode extraction in OLEDs. *in submission*, 2010.

[149] M. A. Summers, S. K. Buratto, and L. Edman. Morphology and environment-dependent fluorescence in blends containing a phenylenevinylene-conjugated polymer. *Thin Solid Films*, 515(23):8412 – 8418, 2007.

[150] Moritz Seyfried. Kapazitiv gepumpte organische Leuchtdioden. Diplomarbeit, Universität Karlsruhe (TH), 2008.

[151] Olga Bauder. Kapazitiv angeregte Elektrolumineszenz in organischen Halbleitern. Diplomarbeit, Karlsruher Institut für Technologie, 2009.

[152] U. Lemmer, A. Ochse, M. Deussen, R. F. Mahrt, E. O. Göbel, H. Bässler, P Haring Bolivar, G Wegmann, and H. Kurz. Energy transfer in molecularly doped conjugated polymers. *Synthetic Metals*, 78(3):289 – 293, 1996.

[153] A. Uddin, C. B. Lee, X. Hu, T. K. S. Wong, and X. W. Sun. Effect of doping on optical and transport properties of charge carriers in Alq3. *J. Cryst. Growth*, 288(1):115–118, Feb 2 2006.

[154] G. Kwak, C. Okada, M. Fujiki, H. Takeda, T. Nishida, and T. Shiosaki. Polar laser dyes dispersed in polymer matrices: Reverification of charge transfer character and new optical functions. *Jap. J. Appl. Phys.*, 47(3, Part 1):1753–1756, Mar 2008.

[155] S. A. Kovalenko, N. P. Ernsting, and J.. Ruthmann. Femtosecond hole-burning spectroscopy of the dye DCM in solution: the transition from the locally excited to a charge-transfer state. *Chem. Phys. Lett.*, 258(3-4):445 – 454, 1996.

[156] S. Kim, J. Jackiw, E. Robinson, K. S. Schanze, J. R. Reynolds, J. Baur, M. F. Rubner, and D. Boils. Water soluble photo- and electroluminescent alkoxy-sulfonated poly(p-phenylenes) synthesized via palladium catalysis. *Macromolecules*, 31(4):964–974, 1998.

[157] D. D. Gebler, Y. Z. Wang, S. W. Jessen, J. W. Blatchford, A. G. MacDiarmid, T. M. Swager, D. K. Fu, and A. J. Epstein. Exciplex emission in heterojunctions of poly(pyridyl vinylene phenylene vinylene)s and poly(vinyl carbazole). *Synth. Met.*, 85(1-3):1205–1208, Feb 15 1997.

[158] A. C. Morteani, P. K. H. Ho, R. H. Friend, and C. Silva. Electric field-induced transition from heterojunction to bulk charge recombination in bilayer polymer light-emitting diodes. *Appl. Phys. Lett.*, 86(16):163501, 2005.

[159] I. H. Campbell, T. W. Hagler, D. L. Smith, and J. P. Ferraris. Direct measurement of conjugated polymer electronic excitation energies using metal/polymer/metal structures. *Phys. Rev. Lett.*, 76(11):1900–1903, Mar 11 1996.

[160] T. Q. Nguyen, J. J. Wu, V. Doan, B. J. Schwartz, and S. H. Tolbert. Control of energy transfer in oriented conjugated polymer-mesoporous silica composites. *Science*, 288(5466):652–656, Apr 28 2000.

[161] M. Yan, L. J. Rothberg, E. W. Kwock, and T. M. Miller. Interchain excitations in conjugated polymers. *Phys. Rev. Lett.*, 75(10):1992–1995, Sep 4 1995.

[162] H Chayet, R Pogreb, and D Davidov. Transient UV electroluminescence from poly(p-phenylenevinylene) conjugated polymer induced by strong voltage pulses. *Phys. Rev. B*, 56(20):12702–12705, Nov 15 1997.

[163] P. J. Martin. Ion-based methods for optical thin film deposition. *J. Mater. Sci.*, 21:1–25, 1986.

[164] T. Uchida, Y. Kasahara, T. Otomo, S. Seki, M. Wang, and Y. Sawada. Transparent conductive electrode deposited by Cs-incorporated RF magnetron sputtering and evaluation of the damage in OLED organic layer. *Thin Solid Films*, 516(17):5907–5910, Jul 1 2008.

[165] S. Lattante, F. Romano, A. P. Caricato, M. Martino, and M. Anni. Low electrode induced optical losses in organic active single layer polyfluorene waveguides with two indium tin oxide electrodes deposited by pulsed laser deposition. *Appl. Phys. Lett.*, 89(3):031108, 2006.

[166] G. Gu, V. Bulovic, P. E. Burrows, S. R. Forrest, and M. E. Thompson. Transparent organic light emitting devices. *Appl. Phys. Lett.*, 68(19):2606–2608, 1996.

[167] Y.-M. Chien, F. Lefevre, I. Shih, and R. Izquierdo. A solution processed top emission OLED with transparent carbon nanotube electrodes. *Nanotechnology*, 21(13):134020, Apr 2 2010.

[168] J. Wu, M. Agrawal, H. A. Becerril, Z. Bao, Z. Liu, Y. Chen, and P. Peumans. Organic light-emitting diodes on solution-processed graphene transparent electrodes. *ACS Nano*, 4(1):43–48, Jan 2010.

[169] J. Meyer, T. Winkler, S. Hamwi, S. Schmale, H.-H. Johannes, T. Weimann, P. Hinze, W. Kowlasky, and T. Riedl. Transparent inverted organic light-emitting diodes with a tungsten oxide buffer layer. *Adv. Mat.*, 20(20):3839+, Oct 17 2008.

[170] K. S. Yook, S. O. Jeon, C. W. Joo, and J. Y. Lee. Transparent organic light emitting diodes using a multilayer oxide as a low resistance transparent cathode. *Appl. Phys. Lett.*, 93(1):013301, Jul 7 2008.

[171] C. Gaertner, C. Karnutsch, U. Lemmer, and C. Pflumm. The influence of annihilation processes on the threshold current density of organic laser diodes. *J. Appl. Phys.*, 101(2):023107, Jan 15 2007.

[172] C. Gaertner, C. Karnutsch, C. Pflumm, and U. Lemmer. Numerical device simulation of double-heterostructure organic laser diodes including current-induced absorption processes. *IEEE J. Quantum. Electron.*, 43(11-12):1006–1017, Nov-Dec 2007.

[173] U. Tietze, C. Schenk, and E. Gamm. *Halbleiter-Schaltungstechnik.* Springer, Berlin, 2010.

# Danksagung

An erster Stelle bedanke ich mich bei Prof. Dr. Uli Lemmer, der mich in seine Arbeitsgruppe aufgenommen und mir so die Gelegenheit zum Anfertigen dieser Arbeit gegeben hat. Besonders herausstellen möchte ich das große Vertrauen, das ich genoss, und die große Freiheit und die hohe Eigenverantwortung für meine wissenschaftlichen Aktivitäten. Die vielen Diskussionen, verbunden mit der herausragenden Fachkompetenz von Herrn Prof. Lemmer, trugen entscheidend zum wissenschaftlichen Erfolg bei.

Herrn Prof. Dr. Heinz Kalt möchte ich für die Übernahme des Korreferats und den damit einhergehenden Zeitaufwand danken.

Bei meinen Kollegen Christian Gärtner und Nico Christ bedanke ich mich für die Simulationen der Ladungsträgerdynamik.

Einen ebenfalls sehr wichtigen Beitrag leisteten meine Diplomand(inn)en, Studienarbeiter und wissenschaftlichen Hilfskräfte Jürgen Silbereisen, Moritz Seyfried, Olga Bauder, Eloy Hernandez, Martin Pfeiffer sowie Dominique Daub.

Bei Felix Glöckler und Julian Hauß bedanke ich mich für die Hilfe bei der Berechnung von Dünnschichtinterferenzen bzw. Wellenleitermoden.

Julian Hauß und Sönke Klinkhammer halfen mir durch Korrekturlesen und konstruktive Kritik, die Qualität dieser Arbeit zu verbessern, vielen Dank dafür.

Vielen Dank an Felix Glöckler und Yousef Nazirizadeh für ihre Unterstützung bei den zeitaufgelösten Elektrolumineszenzmessungen.

Meinen Kollegen Boris Riedel, Felix Glöckler, Julian Hauß, Klaus Huska, Ulf Geyer und all den anderen bin ich für die angenehme Arbeitsatmosphäre, ihre Unterstützung und die unzähligen fachlichen und nichtfachlichen Diskussionen und Aktivitäten dankbar.

Christian Kayser und Thorsten Feldmann gilt mein Dank, da sie den reibungslosen Betrieb des Reinraumlabors sicherstellten. Bei Alexander Colsmann und Ulf Geyer bedanke ich mich für die Einführung in die verschiedenen Präparationstechniken.

Bei Herrn Geislhöringer bedanke ich mich für die kompetente Unterstützung bei allen Auf- und Umbauten im Bereich der Elektronik sowie seinen Einsatz für stets einwandfreie Instituts-Infrastruktur.

Den Herren Sütsch, Ochs und Vögele danke ich für die mechanischen Komponenten, die sie für meine Experimente angefertigt haben, besonders herausstellen möchte ich dabei die kompetente Beratung durch Herrn Sütsch.

Frau Dittrich und Frau Holeisen ermöglichen mit ihrer organisatorischen Arbeit den reibungslosen Institutsbetrieb. Unter den Schwierigkeiten, die die Budgetverwaltung manchmal mit sich bringt, haben wir oft gemeinsam gelitten. Vielen Dank.

Vielen Dank an Nektarios Koukourakis und Prof. Dr. Martin Hofmann von der Universität Bochum für ihre Unterstützung bei der Gain-Spektroskopie.

Beim Bundesministerium für Bildung und Forschung bedanke ich mich für die Finanzierung im Rahmen des Verbundprojektes „Grundlegende Untersuchungen zu organischen Dünnschicht-Laserdioden", FKZ 13N8168A. Mein Dank gilt ebenfalls allen externen Projektpartnern für die fruchtbare Zusammenarbeit.

Meinen Eltern und meiner Schwester Lena danke ich für ihre Unterstützung und ihre Hilfe beim Korrigieren dieser Arbeit. Ganz besonders danke ich meiner Frau Annemarie, die durch ihre Unterstützung in jeder erdenklichen Weise großen Anteil am Gelingen dieser Arbeit hat.

# Lebenslauf

## Jan Brückner

| | |
|---|---|
| Geburtsdatum: | 13. Oktober 1977 |
| Geburtsort: | Heidelberg |
| Familienstand: | verheiratet |
| Staatsangehörigkeit: | deutsch |

| | |
|---|---|
| 1984 - 1988 | Grundschule |
| 1988 - 1997 | Werner-Heisenberg-Gymnasium, Weinheim |
| 18.6.1997 | Abitur |
| 4.8.1997 - 31.8.1998 | Zivildienst, Deutsches Rotes Kreuz, Weinheim |
| 1.10.1998 - 30.3.2004 | Studium der Physik, Universität (TH) Karlsruhe |
| 19.4.2001 | Vordiplom<br>Nebenfach: Informatik |
| 1.3.2003 - 30.3.2004 | Diplomarbeit, Thema: „Lineare optische Spektroskopie an ZnO", Institut für Angewandte Physik, Unversität (TH) Karlsruhe |
| 30.3.2004 | Diplom, Universität (TH) Karlsruhe<br>Nebenfächer: Halbleiterphysik / Solarzellen, Elektronik |
| 1.9.2004 - 30.3.2006 | Stipendiat im DFG-Graduiertenkolleg 786 „Mischfelder und nichtlineare Wechselwirkungen" |
| 1.4.2006 - 31.10.2010 | wissenschaftlicher Mitarbeiter am Lichttechnischen Institut des Karlsruher Instituts für Technologie (KIT) |